石油和化工行业"十四五"规划教材

"十四五"技工教育规划教材

校企合作项目教材·信息化数字资源配套教材

工业机器人离线编程与仿真

李清江　蒋　莉　张　宇　主编

GONGYE JIQIREN
LIXIAN BIANCHENG
YU FANGZHEN

化学工业出版社

·北京·

内容简介

本书以FANUC公司工业机器人离线编程仿真软件（ROBOGUIDE）为平台，以工业机器人典型应用案例为载体，系统介绍了ROBOGUIDE V9.10软件的基本知识及应用方法。全书共3个模块13个任务，主要内容有ROBOGUIDE软件的安装与基本操作、仿真视频录制、程序编写及后置输出处理、外部轴添加与设置、轨迹离线编程、分拣搬运工作站离线编程仿真及多机器人综合工作站虚拟仿真等，内容编写遵循"由简入繁，软硬结合，循序渐进"的原则，注重学习者知识结构、思维能力、编程技能等综合素质的培养。本书图文并茂、通俗易懂，根据学习需要，提供了完整的任务实施微视频学习资源，具有较强的实用性和可操作性。

本书适合职业院校、应用型本科院校工业机器人技术、机电一体化技术、智能制造装备技术等相关专业学生使用，也可作为机器人技术相关从业人员的参考书，对接"1+X"工业机器人操作与运维职业技能等级证书中级标准。

图书在版编目（CIP）数据

工业机器人离线编程与仿真/李清江，蒋莉，张宇主编．—北京：化学工业出版社，2022.7（2025.1重印）
信息化数字资源配套教材
ISBN 978-7-122-41142-6

Ⅰ．①工… Ⅱ．①李…②蒋…③张… Ⅲ．①工业机器人-程序设计-教材②工业机器人-计算机仿真-教材 Ⅳ．①TP242.2

中国版本图书馆CIP数据核字（2022）第057982号

责任编辑：韩庆利　　　　　　　　　　　　文字编辑：林　丹　赵　越
责任校对：刘曦阳　　　　　　　　　　　　装帧设计：史利平

出版发行：化学工业出版社（北京市东城区青年湖南街13号　邮政编码100011）
印　　装：北京科印技术咨询服务有限公司数码印刷分部
787mm×1092mm　1/16　印张16½　字数419千字　2025年1月北京第1版第2次印刷

购书咨询：010-64518888　　　　　　　　　售后服务：010-64518899
网　　址：http://www.cip.com.cn
凡购买本书，如有缺损质量问题，本社销售中心负责调换。

定　价：49.00元　　　　　　　　　　　　　　　　　　　　　　　版权所有　违者必究

工业机器人离线编程与仿真
编写人员名单

主　　编　李清江　蒋　莉　张　宇
副主编　刘世爽　林燕文
参　　编　杨学辉　徐丽春　谭晓东
　　　　　　冯文颖　马明明

前言

目前，我国智能制造产业进入了一个飞速发展时期，中国正从制造大国走向"智"造强国。大规模机器人的出现也会催生大量新岗位，包括机器人操作和维修、调试、编程、销售与服务、研发等岗位。为补缺智能制造相关行业人才需求，国内各大本科、职业院校都相继开设了工业机器人技术专业。

机器人属于先进制造业的重要支撑装备，也是未来智能制造业的关键切入点，在工厂自动化和柔性生产系统中起着关键的作用，广泛应用到工农业生产、电子电器、工程机械、航天航空等众多行业。它可代替生产劳动者出色地完成极其繁重、复杂、精密或者危险的工作。

本书被评为石油和化工行业"十四五"规划教材，入选人力资源和社会保障部技工教育"十四五"规划教材目录。本书坚持立德树人，弘扬爱国主义精神、工匠精神，注重素质培养。书中以FANUC公司工业机器人离线编程仿真软件（ROBOGUIDE）为平台，以工业机器人典型应用案例为载体，系统介绍了ROBOGUIDE软件的基本知识及应用方法。全书共3个模块13个任务，图文并茂、通俗易懂，具有较强的实用性和可操作性。任务设置了以下几个环节：

知识目标和能力目标：对各任务的学习应达到的知识水平和能力提出了具体要求。

知识链接：根据任务实施案例中涉及的知识点，进行详细的介绍和阐述，以加深学习者在任务实施中对知识点的理解。

任务描述：以工程实例相对应的任务告诉读者本任务在工程中的具体应用。

任务总结：在任务中对罗列的知识要点进行总结，让学习者对任务知识体系加深理解和更好地体会。

学后测评：考虑到高职教育目标是为国家培养更多的"工匠"人才，为了检测学生对任务理解和掌握的程度，课程教学中设置了理实一体化测评环节，即技能训练。每个任务的技能训练都是紧贴任务内容做出的切实可行的训练题目，通过技能训练环节可使学生真正体会和感受到本任务所要达到的能力目标。

本书开发团队结合中、高职工业机器人技术专业的人才培养目标，使内容涵盖了初、中级《工业机器人应用编程》《工业机器人集成应用》职业技能1+X证书标准的机器人技术离线编程技能与知识要求，结合相关的实训设备，真实模拟企业加工生产线，通过理实一体化教学方法将知识点和技能点融入典型工作站的任务实施中，以满足工学结合、项目引导、教学一体化的教学需求，由浅入深、由简入繁、层次分明地达到知行合一，引导学生进行开放性学习，在教学过程中达到以用促学的目的。

本书由校企人员联合创作编写。由遵义职业技术学院李清江、蒋莉和北京华晟经世信息技术有限公司张宇任主编，遵义职业技术学院刘世爽和北京华晟经世信息技术有限公司林燕文任副主编，北京华晟经世信息技术有限公司杨学辉和遵义职业技术学院徐丽春、谭晓东、冯文颖、马明明共同编写，全书由李清江负责统稿。

衷心感谢北京华晟经世信息技术有限公司等企业无私提供的实践案例和宝贵的应用经验；感谢贵州省教育科学规划重点课题［基于"中国制造2025"背景下遵义职院现代制造

专业群智能制造产线实训室构建与探索（2020A039）]的支持；感谢遵义职业技术学院智能制造科研创新团队项目的支持；感谢我们团队中每一位成员为编写本书付出的努力。

  本书在编写过程中参阅了相关文献，在此向这些文献的作者致以诚挚的谢意，由于编写时间仓促，编者的经验和水平有限，书中难免有不妥和疏漏之处，恳请读者和专家批评指正。

编者

目录

模块一 基础技能篇 1
- 任务一 离线编程仿真技术认知与 ROBOGUIDE 安装 2
- 任务二 创建机器人仿真工程文件及界面认知 8
- 任务三 创建机器人仿真工作站 28
- 任务四 离线仿真示教编程 41
- 任务五 程序修正及导出运行 67

模块二 能力提升篇 75
- 任务六 工件抓取和放置离线仿真 76
- 任务七 行走轴添加设置离线仿真 99
- 任务八 轨迹绘制离线仿真 124
- 任务九 球面工件打磨离线仿真 139

模块三 综合应用篇 146
- 任务十 分拣搬运工作站离线编程仿真 147
- 任务十一 码垛工作站离线编程仿真 182
- 任务十二 焊接工作站离线编程仿真 206
- 任务十三 智能制造数控加工生产线离线编程仿真 232

参考文献 256

模块一
基础技能篇

任务一
离线编程仿真技术认知与ROBOGUIDE安装

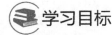 学习目标

知识目标：
1. 了解工业机器人离线编程与仿真技术；
2. 掌握离线编程与仿真技术在实际应用中的作用；
3. 了解常用离线编程软件；
4. 掌握 ROBOGUIDE 离线编程仿真软件。

技能目标：
1. 能够安装 ROBOGUIDE 仿真软件；
2. 能够掌握 ROBOGUIDE 仿真模块的功能。

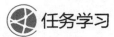 任务学习

1. 离线编程与仿真技术的认知

机器人离线编程是使用软件在计算机中构建整个工作场景的三维虚拟环境，根据要加工零件的大小、形状，同时配合一些操作，自动生成机器人的运动轨迹，即控制指令，然后在软件中仿真与调整轨迹，最后生成机器人程序传输给机器人。

目前市场中，离线编程与仿真软件的品牌有很多，但是其基本流程大致相同，如图 1-1 所示。首先，应在离线编程软件的三维界面中，用模型搭建一个与真实环境相对应的仿真场景；然后，软件通过对模型信息的计算来进行轨迹、工艺规划设计，并转化成仿真程序，让机器人进行实时的模拟仿真；最后，通过程序的后续处理和优化过程，向外输出机器人的运动控制程序。

2. ROBOGUIDE 的认知

ROBOGUIDE 是与 FANUC 工业机器人配套的一款软件，由日本 FANUC 公司提供，该软件支持机器人系统布局设计和动作模拟仿真，可进行机器人干涉性、可达性的分析和系统的节拍估算，还能够自动生成机器人的离线程序、优化机器人的程序以及进行机器人故障的诊断等。

3. ROBOGUIDE 仿真模块简介

ROBOGUIDE 是一款核心应用软件，其常用的仿真模块有 ChamferingPRO、HandlingPRO、WeldPRO、PalletPRO 和 PaintPRO 等。其中，ChamferingPRO 模块用于去毛刺、倒角等工件加工的仿真应用；HandlingPRO 模块用于机床上下料、冲压、装配、注塑等物料的搬运仿真应用；WeldPRO 模块用于焊接、激光切割等工艺的仿真应用；PalletPRO 模块用于各种码垛的仿真应用；PaintPRO 模块用于喷涂的仿真应用。不同的模块决定了其实现的功能不同，相应加载的应用软件工具包也会不同，如表 1-1 所示。

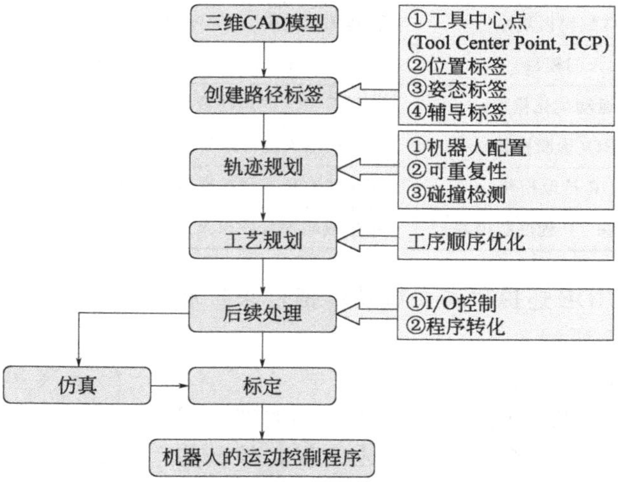

图 1-1 工业机器人离线编程与仿真的基本流程

表 1-1 ROBOGUIDE 的仿真模块与应用软件包

序号	仿真模块	可加载的应用软件工具包
1	ChamferingPRO(倒角、去毛刺模块)	ArcTool(弧焊工具包) HandlingTool(搬运工具包) LR Handling Tool(MATE 控制器搬运工具包)
2	HandlingPRO(物料搬运模块)	LR Tool(MATE 控制器弧焊工具包) MATE SpotTool+(MATE 控制器点焊工具包) SpotTool+(点焊工具包)
3	WeldPRO(弧焊模块)	ArcTool(弧焊工具包) HandlingTool(搬运工具包) LR ArcTool(MATE 控制器弧焊工具包) MATE SpotTool+(MATE 控制器点焊工具包)
4	PalletPRO(码垛模块)	HandlingTool(搬运工具包) MATE SpotTool+(MATE 控制器点焊工具包)
5	PaintPRO(喷涂模块)	PaintTool(N.A.)(喷涂工具包) MATE SpotTool+(MATE 控制器点焊工具包)

除了常用的模块之外，ROBOGUIDE 中其他功能模块可使用户方便快捷地创建并优化机器人程序，如表 1-2 所示。例如，4D Edit 模块可以将 3D 机器人模型导入到真实的 TP 中，再将 3D 模型和 1D 内部信息结合形成 4D 图像显示；MotionPRO 模块可以对 TP 程序进行优化，包括对节拍和路径的优化（节拍优化要求在电机可接受的负荷范围内进行，路径优化需要设定一个允许偏离的距离，从而使机器人的运动路径在设定的偏离范围内接近示教点）；iR PickPRO 模块可以通过简单设置创建 Workcell 自动生成布局，并以 3D 视图的形式显示单台或多台机器人抓放工件的过程，自动生成高速视觉拾取程序，进而进行高速视觉跟踪仿真。

表 1-2 ROBOGUIDE 的其他功能模块

序号	其他功能模块	说明
1	4D Edit(4D 编辑模块)	创建图形文件,可导入 R-30iB 真实机器人的 4D 图形示教器中
2	OlpcPRO(入门模块)	进行 TP 程序、KAREL 程序相关的编辑
3	MotionPRO(运动优化模块)	分析机器人的运动数据,可根据需求优化 TP 程序
4	DiagnosticsPRO(诊断模块)	可对机器人进行运动报警或者伺服报警诊断,还可以进行预防性诊断
5	iR PickPRO(iR 拾取模块)	可生成高速视觉拾取程序以及进行高速视觉跟踪仿真
6	PalletPROTP(码垛 TP 程序版模块)	可生成码垛程序以及进行码垛仿真

另外,ROBOGUIDE 还提供了一些功能插件来扩展软件的功能,如图 1-2 所示。

4. 离线编程与仿真的实施

在 ROBOGUIDE 软件中进行工业机器人的离线编程和仿真,主要可分为以下几个步骤:创建工程文件→构建虚拟工作环境→模型的仿真设置→控制系统的设置→编写离线程序→仿真运行程序→程序的导出和上传。

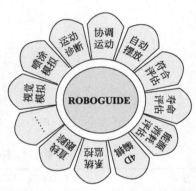

图 1-2 ROBOGUIDE 扩展功能

任务实施

ROBOGUIDE
软件的安装

本书所使用的 ROBOGUIDE 软件的版本号为 V9.10,计算机操作系统为 Windows 10 中文版。操作系统中的防火墙和杀毒软件因识别错误,可能会造成 ROBOGUIDE 安装程序不正常运行,甚至会引起某些插件无法正常安装而导致整个软件安装失败。建议在安装 ROBOGUIDE 之前关闭系统防火墙及杀毒软件,避免计算机防护系统擅自清除 ROBOGUIDE 的相关组件。作为一款较大的三维软件,ROBOGUIDE 对计算机的配置有一定的要求,如果要达到比较流畅的运行体验,计算机的配置不能太低。建议的计算机配置要求如表 1-3 所示。

表 1-3 计算机参考配置要求

配置	要求
CPU	Intel 酷睿 i5 系列或同级别 AMD 处理器及以上
显卡	NVIDIA GeForce GT650 或同级别 AMD 独立显卡及以上,显存容量在 1GB 或以上
内存	容量在 4GB 及以上
硬盘	剩余空间在 20GB 及以上
显示器	分辨率在 1920×1080 及以上

具体安装步骤如下:

1. 解压安装包

将 ROBOGUIDE 的安装包进行解压,然后进入解压后的文件目录中,单击鼠标右键并以管理员身份运行"setup.exe"安装程序,如图 1-3 所示。

2. 选择重启计算机时间

在软件安装向导中要求重启计算机,这里选择第 2 项稍后重启,单击"Finish"按钮进入下一步,如图 1-4 所示。

任务一 离线编程仿真技术认知与ROBOGUIDE安装

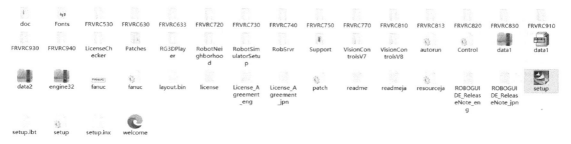

图 1-3　ROBOGUIDE 安装文件目录

图 1-4　选择稍后重启

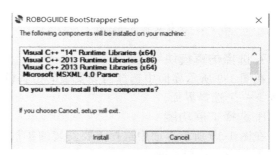

图 1-5　安装所需要的插件

3. 安装所需要的插件

再次打开安装程序，弹出"ROBOGUIDE BootStrapper Setup"，安装软件所需要的插件，点击"Install"，如图 1-5 所示。

4. 再次打开安装程序

再次打开安装程序，单击"Next"按钮进入下一步，如图 1-6 所示。

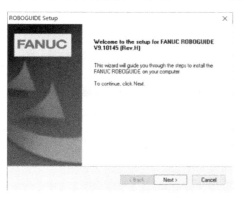

图 1-6　再次打开安装程序

图 1-7　许可协议的设置

5. 设置许可协议

图 1-7 所示界面是关于许可协议的设置，单击"Yes"按钮接受此协议进入下一步。

6. 设置安装目标路径

在图 1-8 所示界面中可设置安装目标路径。用户可在初次安装时更改安装路径。默认的安装路径是系统盘。由于软件占用的空间较大，建议更改为非系统盘，单击"Next"按钮进入下一步。

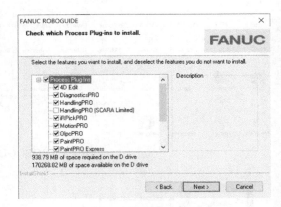

图 1-8　设置安装目标路径　　　　　　图 1-9　选择仿真模块

7. 选择仿真模块

在图 1-9 所示界面中选择需要安装的仿真模块，一般保持默认即可。单击"Next"按钮进入下一个选择界面。

8. 选择扩展功能

在图 1-10 所示界面中选择需要安装的扩展功能，一般保持默认即可。单击"Next"按钮进入下一个选择界面。

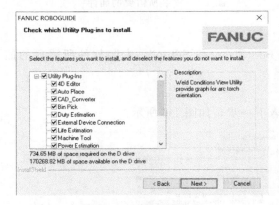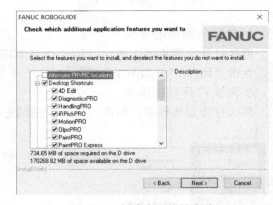

图 1-10　选择扩展功能　　　　　　图 1-11　创建桌面快捷方式

9. 创建桌面快捷方式

在图 1-11 所示界面中选择软件的各仿真模块是否创建桌面快捷方式，确认后单击"Next"按钮进入下一个选择界面。

10. 选择软件版本

在图 1-12 所示界面中选择软件版本，一般直接选择最新版本，这样可节省磁盘空间。如果机器人是比较早期的型号，可选择同时安装之前对应的版本，单击"Next"按钮进入下一步。

11. 配置总览

图 1-13 所示界面中列出了之前所有的选择项，如果发现错误，单击"Back"按钮可返回更改，确认无误后单击"Next"按钮进入下一步，由此便进入了时间较长的安装过程。

12. 安装成功

图 1-14 所示的结果表明软件已经成功安装。在界面中单击"Finish"按钮退出安装程序。

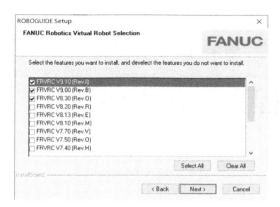

图 1-12　选择软件版本　　　　　图 1-13　配置总览界面

13. 重启计算机

在图 1-15 所示界面中选择第 1 项，单击"Finish"按钮重启计算机。系统重启完成后即可正常使用 ROBOGUIDE 软件。

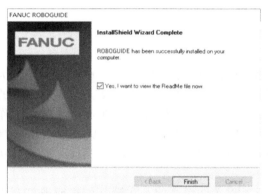

图 1-14　安装成功界面　　　　　图 1-15　重启计算机

软件安装完毕后需要注册，若未注册，则只可使用 30 天。

软件注册方法：打开 ROBOGUIDE 软件，在菜单栏中选择"Help"→"Register WeldPRO"命令，在弹出的对话框中输入从 FANUC 购买的注册码即可完成软件注册。

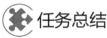 任务总结

本任务通过对离线编程仿真技术的认知及常用的离线仿真软件的介绍，让读者在脑海里大概了解机器人离线编程的主要功能；尤其对 ROBOGUIDE 仿真软件各个模块及应用软件工具包的简介、软件安装的具体要求和步骤的讲解，让读者进一步加深了对离线编程仿真技术的认识与了解，为后续的学习做好铺垫。

 学后测评

1. 简述常用离线编程软件的应用。
2. 安装 ROBOGUIDE 仿真软件应注意哪些事项？

任务二
创建机器人仿真工程文件及界面认知

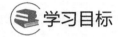

知识目标：
1. 了解机器人工程文件的定义、形式；
2. 了解 ROBOGUIDE 离线编程仿真软件界面整体布局和各功能区的作用。

技能目标：
1. 能够在 ROBOGUIDE 离线编程软件下创建工程文件；
2. 掌握 ROBOGUIDE 开启和保存方式。

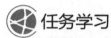

机器人工程文件是一个含有工业机器人模型和真实机器人控制系统的仿真文件，为仿真工作站的搭建提供平台。机器人工程文件在 ROBOGUIDE 中具体表现为一个三维的虚拟世界，编程人员可在这个虚拟的环境中运用 CAD 模型任意搭建场景来构建仿真工作站。ROBOGUIDE 拥有从事各类工作的机器人仿真模块，如焊接仿真模块、搬运仿真模块、喷涂仿真模块等。不同的模块对应着不同的机器人型号和应用软件工具，实现的功能也不同。

ROBOGUIDE 中菜单和工具栏的应用是基于工程文件而言的，在没有创建或者打开工程文件的情况下，菜单栏和工具栏中的绝大部分功能呈灰色，处于不可用的状态。ROBOGUIDE 创建的工程文件在计算机的存储中是以文件夹的形式存在的，也可以称为工程包。工程包内包括启动文件、模型文件、机器人系统配置文件、程序文件等，如图 2-1 所示，其中启动文件的后缀名为".frw"；另外，ROBOGUIDE 也可以将工程文件生成软件专用的工程压缩包，后缀名是".rgx"。

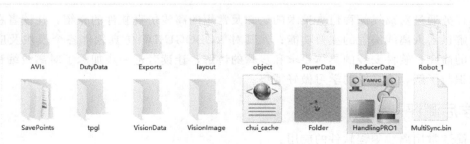

图 2-1　工程文件目录

创建工程文件后,软件的功能选项被激活,高亮显示为可用状态,如图2-2所示。在学习ROBOGUIDE软件的离线编程与仿真功能之前,应首先了解软件的界面分布和各功能区的主要作用,为后续的软件操作打下基础。

图2-2 软件功能选项区

如图2-3所示,ROBOGUIDE界面窗口的正上方是标题栏,显示当前打开的工程文件的名称。紧邻的下面一排英文选项是菜单栏,包括多数软件都具有的文件、编辑、视图、窗口等下拉菜单。软件中所有的功能选项都集中于菜单栏中。菜单栏下方是工具栏,它包括3行常用的工具选项,工具图标的使用也较好地增加了各功能的辨识度,可提高软件的操作效率。工具栏的下方就是软件的视图窗口,视图中的内容以3D的形式展现,仿真工作站的搭建也是在视图窗口中完成的。在视图窗口中会默认存在一个"Cell Browser"(导航目录)窗口(可关闭),这是工程文件的导航目录,它对整个工程文件进行模块划分,包括模型、程序、坐标系、日志等,以结构树的形式展示出来,并为各个模块的打开提供了入口。

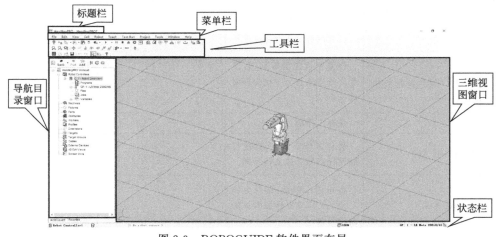

图2-3 ROBOGUIDE软件界面布局

1. 常用菜单简介

ROBOGUIDE软件的菜单栏是传统的Windows界面风格,表2-1列出了各个菜单的中文翻译。

表2-1 菜单栏

英文菜单	File	Edit	View	Cell	Robot	Teach	Test-Run	Project	Tools	Window	Help
中文翻译	文件	编辑	视图	工作单元	机器人	示教	试运行	项目	工具	窗口	帮助

(1) File(文件)菜单

文件菜单中的选项主要是对整个工程文件的操作,如工程文件的保存、打开、备份等,如图2-4所示。文件菜单简介如表2-2所示。

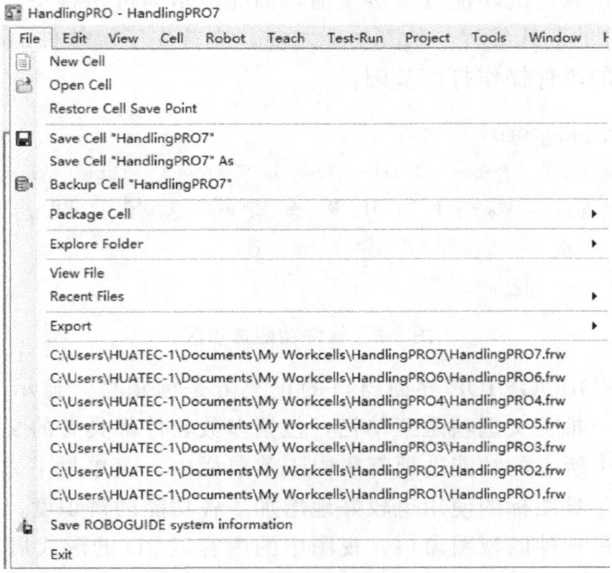

图 2-4 文件菜单

表 2-2 文件菜单简介

文件菜单	一级子菜单	功能说明	二级子菜单	功能说明
File	New Cell	新建工作单元		
	Open Cell	打开已有工作单元		
	Restore Cell Save Point	恢复已保存的数据,将工程文件恢复到上一次保存时的状态		
	Save Cell	保存工作单元		
	Save Cell As	另存工作单元,选择的存储路径必须与原文件不同		
	Backup Cell	备份工作单元,备份生成一个 rgx 压缩文件到默认的备份目录		
	Package Cell	打包工作单元,压缩文件生成一个 rgx 文件到任意目录	Cell	工作单元
			Compressed Cell	压缩打包工作单元
			Other Cell Save Point	打包其他工作单元
	Explore Folder	打开文件夹	Folder	当前工作单元文件夹
			Workcell Backup Folder	工作单元备份文件夹
			Sample Workcells Folder	样本工作单元文件夹
			Lmage Library Folder	CAD 模型库文件夹
	View File	打开文件,查看当前打开的工程文件目录下的其他文件		

续表

文件菜单	一级子菜单	功能说明	二级子菜单	功能说明
File	Recent Files	最近使用的文件,最近打开过的工程文件	None	无
	Export	导出,以不同的格式导出工作单元	Export as Picture	以位图格式导出工作单元
			Export 夹爪 to IGES	以 IGES 格式导出夹爪
			Export Object Position to CSV	以 CSV 格式导出物体位置
			Export to 3D Player file	以 3D Player 文件格式导出工作单元
	Save ROBOGUIDE system information	保存 ROBOGUIDE 系统信息		
	Exit	退出软件		

(2) Edit（编辑）菜单

编辑菜单中的选项主要是对工程文件内模型的编辑及对已进行操作的恢复,如图 2-5 所示。编辑菜单简介如表 2-3 所示。

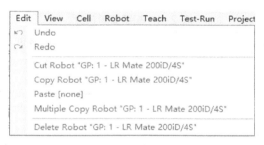

图 2-5 编辑菜单

表 2-3 编辑菜单简介

编辑菜单	子菜单	功能说明
Edit	Undo	撤销,撤销上一步操作
	Redo	重做,恢复撤销的操作
	Cut	剪切,剪切工程文件中的模型
	Copy	复制,复制工程文件中的模型
	Paste	粘贴,粘贴工程文件中的模型
	Multiple	创建副本
	Delete	删除,删除工程文件中的模型

(3) View（视图）菜单

视图菜单中的选项主要是针对软件三维窗口的显示状态的操作,如图 2-6 所示。视图菜单简介如表 2-4 所示。

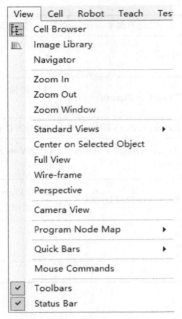

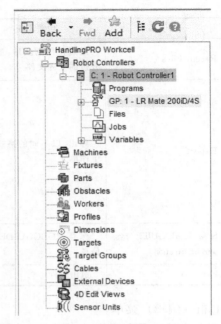

图 2-6　视图菜单　　　　　图 2-7　"Cell Browser"目录树窗口

表 2-4　视图菜单简介

视图菜单	子菜单	功能说明
View	Cell Browser	目录树,工程文件组成元素一览窗口的显示选项,单击此选项弹出的窗口如图 2-7 所示 "Cell Browser"窗口将整个工作单元的组成元素,包括控制系统、机器人、组成模型、程序及其他仿真元素,以树状结构图的形式展示出来,相当于工作单元的目录
	Image Library	CAD 模型库,展示了 CAD 所有模型,单击此选项弹出的窗口如图 2-8 所示
	Navigator	进程导航,离线编程与仿真的操作向导窗口的显示选项,单击弹出的操作向导口,如图 2-9 所示。初学者对于 ROBOGUIDE 掌握得不熟练,导致其对离线编程和仿真的流程缺乏了解,以至于无从下手。针对这一情况,软件中专门设置了具体实施的向导功能,以辅助初学者完成离线编程与仿真的工作。此向导功能将整个流程分为三大步骤,每个大步骤含有多个小步骤,将模型的创建、系统设置、模块设置到工作站的编程以及最后的工作站仿真等一系列过程整合在一套标准的流程内,依次单击每一小步时,会弹出相应的功能模块,直接进入并进行操作,有效地降低了用户的学习成本
	Zoom In	放大,视图场景放大显示
	Zoom Out	缩小,视图场景缩小显示
	Zoom Window	放大至窗口,视图场景局部放大显示
	Standard Views	标准视图,视图场景正交显示,除了仰视图以外的所有正向视图
	Center on Selected Object	以指定的物体为中心,选定显示中心
	Full View	整体视图,将视图整体显示

续表

视图菜单	子菜单	功能说明
View	Wire-frame	线框,将视图中的模型以线框显示
	Prespective	透视投影
	Camera View	相机视野
	Program Node Map	程序点位图
	Quick Bars	快捷工具栏
	Mouse Commands	鼠标操作指令
	Toolbars	工具栏
	Status Bar	状态栏

图 2-8　CAD 模型库界面

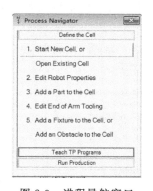

图 2-9　进程导航窗口

图 2-10　工作单元菜单

（4）Cell（工作单元）菜单

工作单元菜单主要是对工程文件内部模型的编辑，如设置工程文件的界面属性、添加各种外部设备模型和组件等，如图 2-10 所示。工作单元菜单简介如表 2-5 所示。

表 2-5　工作单元菜单简介

工作单元菜单	子菜单	功能说明
Cell	Add Robot	添加机器人
	Add Machine	添加机器
	Add Fixture	添加工装
	Add Part	添加工件
	Add Obstacle	添加障碍物
	Add Worker	添加 3D 人
	Add Target Group	添加标记点组

续表

工作单元菜单	子菜单	功能说明
Cell	Add Cable	添加线缆
	Add Device	添加外部设备
	Add Vision Sensor Unit	添加视觉传感器
	Check for CAD file updates	CAD 文件更新检查
	I/O Interconnections	I/O 连接
	Cold Start Powered Up Controllers	对所有控制器进行冷启动
	Turn On All Controllers	打开所有控制器电源
	Turn Off All Controllers	关闭所有控制器电源
	RIPE Setup	RIPE 设置
	Workcell Properties	工作单元属性,调整工程文件视图窗口中部分内容的显示状态,如平面格栅的样式
	[none]Properties	[无]属性

（5）Robot（机器人）菜单

机器人菜单中的选项主要是对机器人及控制系统的操作,如图 2-11 所示。机器人菜单简介如表 2-6 所示。

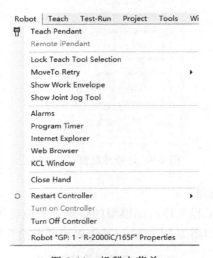

图 2-11 机器人菜单

表 2-6 机器人菜单简介

机器人菜单	子菜单	功能说明
Robot	Teach Pendant	示教器,打开虚拟示教器
	Remote iPendant	远程 iPendant
	Lock Teach Tool Selection	选择示教工具
	MoveTo Retry	MoveTo 重试

续表

机器人菜单	子菜单	功能说明
Robot	Show Work Envelope	显示动作范围
	Show Joint Jog Tool	显示各轴点动工具
	Alarms	报警
	Program Timer	程序计时器
	Internet Explorer	IE 浏览器
	Web Browser	网页浏览器
	KCL Window	KCL 窗口
	Close Hand	关闭手爪
	Restart Controller	重新启动控制器,重启控制系统,包括控制启动、冷启动和热启动
	Turn on Controller	打开控制器电源
	Turn Off Controller	关闭控制器电源
	Robot Properties	机器人属性

（6）Teach（示教）菜单

示教菜单主要是对程序的操作，包括创建 TP 程序、加载程序、导出 TP 程序等，如图 2-12 所示。示教菜单简介如表 2-7 所示。

图 2-12　示教菜单

表 2-7　示教菜单简介

示教菜单	子菜单	功能说明
Teach	Teach Program[none]	编辑程序(无)
	Add Simulation Program	创建仿真程序
	Add TP Program	创建 TP 程序
	Load Program	加载 TP 程序,把程序加载到仿真文件中

续表

示教菜单	子菜单	功能说明
Teach	Save All TP Programs	保存所有 TP 程序，导出所有的 TP 程序
	Remove All TP Programs	删除所有 TP 程序
	TP Program Template	TP 程序模板
	Draw Part Features	工件特征
	Position Editing	点位编辑
	Find and Replace	搜索和替换
	Program[none]Properties	程序[无]属性

(7) Test-Run（试运行）菜单

试运行菜单主要是对程序的运行操作，包括运行面板打开、程序运行设置、运行选项、程序逻辑仿真、程序分析等，如图 2-13 所示。试运行菜单简介如表 2-8 所示。

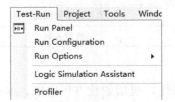

图 2-13　试运行菜单

表 2-8　试运行菜单简介

试运行菜单	子菜单	功能说明
Test-Run	Run Panel	运行面板
	Run Configuration	运行设置
	Run Options	运行选项
	Logic Simulation Assistant	逻辑仿真助手
	Profiler	分析器

(8) Project（项目）菜单

项目菜单主要是对项目文件的操作，如图 2-14 所示。项目菜单简介如表 2-9 所示。

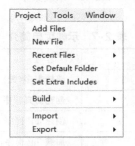

图 2-14　项目菜单

表 2-9 项目菜单简介

项目菜单	子菜单	功能说明
Project	Add Files	添加文件
	New File	新建文件
	Recent Files	最近使用的文件
	Set Default Folder	指定默认的文件夹
	Set Extra Includes	添加 INCLUD 路径
	Build	构建
	Import	导入
	Export	导出

（9）Tools（工具）菜单

工具菜单中的选项主要是建立机器人工作单元时需要用到的常用功能，如图 2-15 所示。工具菜单简介如表 2-10 所示。

图 2-15 工具菜单

表 2-10 工具菜单简介

工具菜单	子菜单	功能说明
Tools	Folder	工具文件夹
	Modeler	建模器
	Plug In Manager	插件管理器
	Diagnostics	性能分析
	Escape TP Program Utility	生成恢复原位程序
	Handling Support Utility	简易示教功能
	I/O Panel Utility	I/O 面板功能
	Rail Unit Creator Menu	生成行走轴
	External I/O Connection	外部设备 I/O 连接
	Generation of machine tool workcell	机床工作单元创建功能
	Simulator	仿真器
	Options	选项

（10）Window（窗口）菜单

窗口菜单是对软件界面中视图窗口进行设置，如图 2-16 所示。窗口菜单简介如表 2-11 所示。

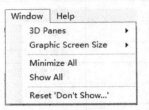

图 2-16　窗口菜单

表 2-11　窗口菜单简介

窗口菜单	子菜单	功能说明
Window	3D Panes	多画面显示，3D 窗口可以设置当前软件画面，可以设置单画面、多画面分屏等
	Graphic Screen Size	画面尺寸选择
	Minimize All	全部最小化，缩小所有
	Show All	全部显示，显示所有
	Reset'Don't Show…'	重置"不再显示"

（11）Help（帮助）菜单

帮助菜单提供了官方教程、反馈问题、检查更新以及版本信息等辅助功能，如图 2-17 所示。帮助菜单简介如表 2-12 所示。

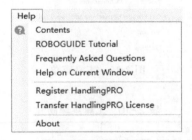

图 2-17　帮助菜单

表 2-12　帮助菜单简介

帮助菜单	子菜单	功能说明
Help	Contents	目录
	ROBOGUIDE Tutorial	ROBOGUIDE 教程
	Frequently Asked Questions	常见问题及其解答汇总
	Help on Current Window	当前所选择的画面的帮助
	Register	许可证注册
	Transfer License	许可证传送，转移许可证
	About	版本信息

2. 工具简介

① 机器人控制工具简介如表 2-13 所示。

表 2-13 机器人控制工具简介

机器人控制工具	功能说明
(Show/Hide Teach Pendant)	显示/隐藏虚拟 TP
(Lock/Unlock Teach Tool Selection)	锁定/解开示教工具的选择 选择示教工具并保持选中状态
▼(Move To Retry)	Move To 重试
(Show/Hide Work Envelope)	显示/隐藏机器人动作范围 设置机器人动作范围的显示/隐藏、显示基准
(Show/Hide Joint Jog Tool)	显示/隐藏各轴点动工具 可直接在 3D 画面上移动机器人轴
([Open/Close Hand] When a hand is closed, the hand holds parts.)	[打开/关闭手爪] 手爪关闭时,处于抓取工件的状态
(Show/Hide Jog Coordinates Quick Bar)	显示/隐藏手动进给坐标快捷工具栏 可使用按钮来指定手动进给坐标系
(Show/Hide Move To Quick Bar)	显示/隐藏 Move To 快捷工具栏 对 3D 画面上的物体执行 Move To
(Show/Hide Target tools)	显示/隐藏目标工具 该画面用于目标示教
(Add label on clicked object)	为物体添加标签 可在鼠标单击的物体上添加标签
(Show/Hide Worker Quick Bar)	显示/隐藏 3D 人快捷工具栏 用于设置 3D 画面中的 3D 人
(Draw features on parts)	在工件上绘制特征 在工件上指定边线或模式的特征,可从特征自动生成机器人程序
(Show/Hide Position Edit)	显示/隐藏点位编辑画面 在 3D 画面上的点位图中编辑示教点
(Show/Hide Move and Copy Object)	显示/隐藏物体移动和复制画面 可通过简单的操作将物体移动/复制到目标位置
(Connect/Disconnect Devices)	开始/断开与外部设备的连接

② 视图操作工具简介如表 2-14 所示。

表 2-14 视图操作工具简介

视图操作工具	功能说明
(Zoom In 3D World)	放大,视图场景放大显示
(Zoom Out)	缩小,视图场景缩小显示
(Zoom Window)	放大至窗口 视图场景局部放大显示,用鼠标左键在指定的区域拖拽,可将该区域放大至窗口大小

续表

视图操作工具	功能说明
✥ (Center the View on the Selected Object)	以指定的物体为视图中心，所选对象的中心在屏幕的中央显示
⌨ ([Change Camera Direction] Change camera direction along the dimension)	[更改视线方向]将视线对准尺寸的坐标轴
🔳 🔳 🔳 🔳 🔳 （Top/Left/Right/Front/Rear View 3D World $+Z/+Y/-Y/+X/-X$）	标准视图，3D画面俯视图、左视图、右视图、前视图、后视图
🖱 (Show/Hide Mouse Commands)	显示/隐藏鼠标操作指令 鼠标操作方法一览，详细见任务实施

③ 程序运行工具简介如表 2-15 所示。

表 2-15　程序运行工具简介

程序运行工具	功能说明
🎥▼ (Recording 3D Player file)	3D Player 文件记录 开始/停止 3D Player 文件记录
▶▼ (Cycle Start1)	循环启动 运行机器人当前程序
‖ (Hold)	暂停 暂停机器人的运行
■ (Abort)	停止 停止机器人的运行
⏏ (Fault Reset)	取消报警（重置） 消除运行时出现的报警
✖ (Immediate Stop)	紧急停止
▶‖ ([Run Panel]Settings for simulation)	[显示/隐藏运行面板]用于对仿真进行设置

创建机器人仿真工程文件

④ 测量工具 🔳 。此功能可用来测量 2 个目标位置间的距离和相对位置。分别在"From"和"To"下选择两个目标位置，即可在下面的"Distance"中显示出直线距离及 X、Y、Z 3 个轴上的投影距离和 3 个方向的相对角度。

在"From"和"To"下分别有一个下拉列表，如图 2-18 所示。若选择的目标对象是后续添加的设备模型，下拉列表中测量的位置可设置为实体或原点；若选择的对象是机器人模型，可将测量位置设置为实体、原点、机器人零点、TCP 和法兰盘。

任务实施

1. 创建工程文件

打开 ROBOGUIDE 软件后，单击工具栏上的新建按钮 🔳 或执行菜单命令"File"→"New Cell"创建工程文件，

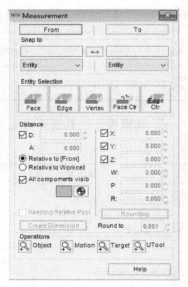

图 2-18　测量工具窗口

或通过"Open Cell"导入已创建的工程文件,ROBOGUIDE 工程文件后缀名为.frw,如图 2-19 所示。

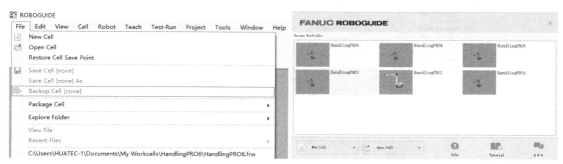

图 2-19 创建工程文件页面

2. 选择工程模块

单击新建按钮,弹出工程文件创建向导界面。在图 2-20 所示的界面中根据工程对象选择不同的工程模块,以加载不同的软件包,此处以 HandlingPRO 物料搬运模块为例,选择后单击"Next"按钮进入下一步。

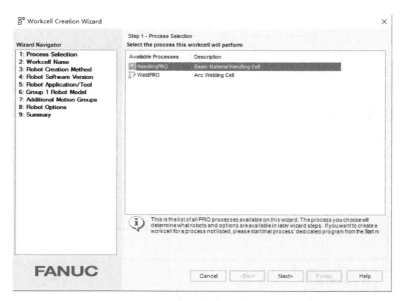

图 2-20 工程模块选择界面

3. 工程文件的命名

在图 2-21 所示的界面中确定工程文件的名称,也可以使用默认名称。另外,名称也支持中文输入,为了方便文件的管理与查找,建议重新命名。命名完成后,单击"Next"按钮进入下一步。

4. 机器人工程文件创建方式的选择

在图 2-22 所示的界面中选择创建机器人工程文件的方式,有四种工程文件的创建方式,一般情况下选择第 1 项,然后单击"Next"按钮进入下一步。

机器人工程文件的创建方式如下:

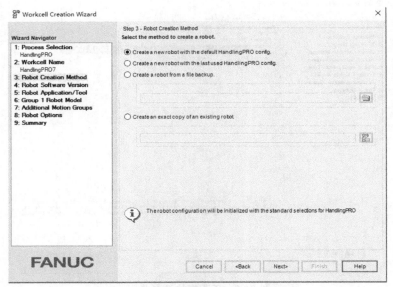

图 2-21　工程文件命名界面

图 2-22　工程文件创建方式的选择界面

① Creat a new robot with the default HandlingPRO config：采用默认配置新建文件，选择配置可完全自定义，适用于一般情况。

② Creat a new robot with the last used HandlingPRO config：根据上次使用的配置新建文件，如果之前创建过工程文件（离本次最近的一次），而新建的文件与之前的配置大致相同，采用此方法较为方便。

③ Creat a robot from a file backup：从备份创建，根据机器人工程文件的备份进行创建，选择 rgx 压缩文件进行文件释放得到的工程文件。

④ Creat an exact copy of an existing robot：创建虚拟机器人的副本，根据已有虚拟机器人备份创建工程文件。

5. 机器人系统版本的选择

在图 2-23 所示的界面中选择机器人控制器的型号及版本，这里默认选择 V9.10 版本。如果机器人是比较早期的型号，建议根据被控实体机器人选择机器人系统版本，新版本无法适配，可以选择早期的版本号。单击"Next"按钮进入下一步。

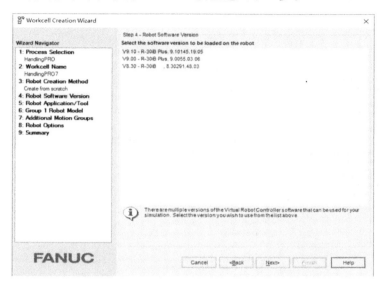

图 2-23　控制器及版本选择界面

6. 机器人应用工具的选择

在图 2-24 所示的界面中选择应用软件工具包，如点焊工具、弧焊工具、搬运工具等。根据仿真的需要选择合适的软件工具，这里选择搬运工具 Handling Tool（H552），然后单击"Next"按钮进入下一步。

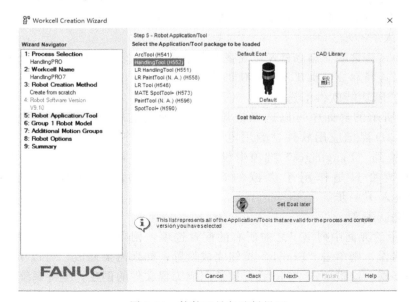

图 2-24　软件工具包选择界面

注：不同软件工具的差异会集中体现在 TP 上，如安装焊接工具的 TP 中包含焊接指令和焊接程序，安装搬运工具的示教器中有码垛指令等。另外，TP 的菜单也会有很大差异，不同的工具针对自身的应用进行了专门的定制，包括控制信号、运行监控等。

7. 机器人型号的选择

在图 2-25 所示界面中根据实体机器人型号选择仿真所用的机器人型号。这里几乎包含了 FANUC 旗下所有的工业机器人，这里选择 LR Mate 200iD/4S，然后单击"Next"进入下一个选择界面。

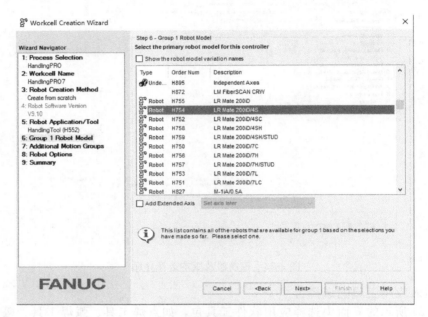

图 2-25　机器人型号选择界面

8. 外部群组的选择

在图 2-26 所示的界面中可以选择添加外部群组，这里先不做任何操作，直接单击"Next"按钮进入下一步。

注：当仿真文件需要多台机器人组建多手臂系统，或者含有变位机等附加的外部轴群组时，可以在这里选择相应的机器人和变位机的型号。

9. 机器人扩展功能软件的选择

在图 2-27 所示的界面中可以选择机器人的扩展功能软件。它包括很多常用的附加软件，如 2D、3D 视觉应用软件，专用电焊设备适配软件，行走轴控制软件等。在本界面中还可以切换到"Languages"选项卡设置语言环境，将英文修改为中文，如图 2-28 所示。语言的改变只是作用于虚拟的 TP，软件界面本身并不会发生变化，单击"Next"按钮进入下一步。

10. 汇总/确认配置

图 2-29 所示的界面中列出了之前所有的配置选项，相当于一个总的目录。如果确定之前的选择没有错误，则单击"Finish"按钮完成设置；如果需要修改，可以单击"Back"按钮退回之前的步骤。这里单击"Finish"按钮完成工程文件的创建，等待系统的加载。

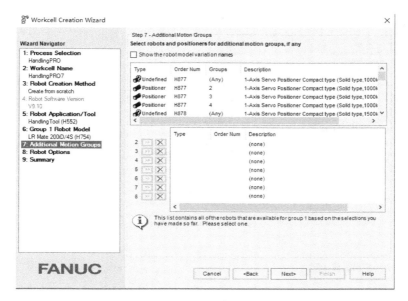

图 2-26　外部群组选择界面

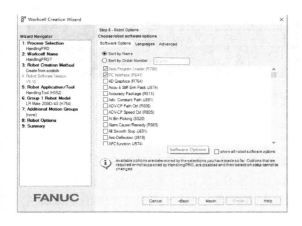

图 2-27　机器人扩展功能软件选择界面

图 2-28　语言选择界面

11. 进入离线软件工作区

设置完成后，软件系统开始初始化，并自动打开当前设置的工程文件。图 2-3 所示为新建的仿真机器人工程文件的界面，该界面是工程文件的初始状态，其三维视图中只包含一个机器人模型。用户可在此空间内自由搭建任意场景，构建机器人仿真工作站。

12. 鼠标控制一览

单击菜单栏"View"（视图）→"Mouse Commands"（鼠标操作指令）显示图 2-30 所示的鼠标控制命令一览界面。其中滚动鼠标滑轮实现鼠标符号所在位置视图缩放，按住鼠标中键移动画面，鼠标左键选择操作对象，点击鼠标右键以选中对象为中心切换观察角度。

　　a. 旋转视图：按住鼠标右键拖动。

　　b. 平移视图：按住"Ctrl＋鼠标右键"拖动。

图 2-29　工程文件配置一览界面

图 2-30　鼠标快捷键提示窗口

　　c. 缩放视图：滚动鼠标滑轮。
　　d. 选择视图中的目标对象：单击鼠标左键。
　　e. 沿固定轴向移动目标对象：光标放在对象坐标系的某一轴上按住鼠标左键拖动。
　　f. 自由移动目标对象：光标放在对象的坐标系上，按住"Ctrl＋鼠标左键"拖动。
　　g. 沿固定轴向旋转目标对象：光标放在对象坐标系的某一轴上，按住"Shift＋鼠标左键"拖动。

　　h. 打开目标对象属性设置：双击目标对象。
　　i. 移动机器人工具中心点（Toot Center Point，TCP）到目标表面：按住组合键"Ctrl＋Shift"，单击鼠标左键。
　　j. 移动机器人 TCP 到目标边缘线：按住组合键"Ctrl＋Alt"，单击鼠标左键。
　　k. 移动机器人 TCP 到目标角点：按住组合键"Ctrl＋Alt＋Shift"，单击鼠标左键。
　　l. 移动机器人 TCP 到目标圆弧的中心：按住组合键"Alt＋Shift"，单击鼠标左键。
　　13. 工程文件保存及自动备份设置
　　进入离线软件后，可先设置工程文件保存目录及自动备份目录，以防止数据丢失。单击菜单栏"Tool"→"Options"显示图 2-31 所示对话框，依次设置工程文件保存目录（Default Workcell Path）及自动备份目录（Default Workcell Backup Path）。

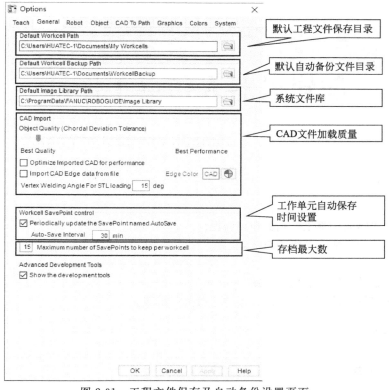

图 2-31 工程文件保存及自动备份设置页面

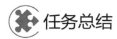 任务总结

本任务通过创建机器人工程文件的具体实施步骤，对 ROBOGUIDE 软件的界面分布和各功能区的主要功能进行介绍，从而为后续的软件操作打下坚实的基础。

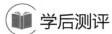 学后测评

1. 简述离线编程与仿真技术在实际中的作用。
2. 简述 ROBOGUIDE 软件各选项卡的功能和主要操作命令。

任务三
创建机器人仿真工作站

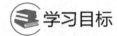 学习目标

知识目标：
1. 掌握工业机器人仿真工作站的布局流程；
2. 掌握创建工业机器人系统的方法。

技能目标：
1. 能够布局工业机器人仿真工作站；
2. 能够对工作站中的工具、工装、工件进行关联设置。

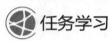 任务学习

一、知识链接

仿真机器人工作站是计算机图形技术与机器人控制技术的结合体，它包括场景模型与控制系统软件。离线编程与仿真的前提是在 ROBOGUIDE 的虚拟环境中仿照真实的工作场景建立一个仿真工作站。这个场景中包括工业机器人（焊接机器人、搬运机器人等）、工具（焊枪、夹爪、喷涂工具等）、工件、工装台（工件托盘）以及其他的外围设备等。其中，机器人、工具、工件和工装台是构成工作站不可或缺的要素。

构建虚拟的场景就必须涉及三维模型的使用。ROBOGUIDE 虽不是专业的三维制图软件，但是也具有一定的建模能力，并且其软件资源库中带有一定数量的模型可供用户使用。如果要达到更好的仿真效果，可以在专业的绘图软件中绘制需要的模型，然后导入ROBOGUIDE 软件中。模型将被放置在工程文件的不同模块下，可被赋予不同的属性，从而模拟真实现场的机器人、工具、工件、工装台和机械装置等。

ROBOGUIDE 工程文件中负责模型的模块包括 Eoats、Fixtures、Machines、Obstacles、Parts 等，用以充当不同的角色，具体功能及应用如下：

(1) Eoats

Eoats（工具模块）充当机器人末端执行器的角色，该模块与整个工程文件的结构关系和所处的位置息息相关。常见的工具模块下的模型包括焊枪、焊钳、夹爪、喷涂枪等，它的模型一般会加载在"Tooling"（工具）路径上，模拟真实的机器人工具。工具在三维视图中位于机器人的六轴法兰盘上，随着机器人运动，不同的工具可在仿真运行时模拟不同的效果。单个机器人模组上最多可以添加 10 个工具，这与 TP（虚拟示教器）上允许设置 10 个工具坐标系的情况是对应的。在具有多个工具的情况下，可手动和通过程序切换工具，极大地方便了同一个仿真工作站中进行不同仿真任务的快速转换。另外，工具名称支持自定义重命名，并且支持中文输入。

（2）Parts

Parts（工件模块）在仿真工作站中扮演工件的角色，工件在实际生产中是被处理的目标对象，可用于工件的加工与搬运的仿真，并模拟真实的效果，是离线编程与仿真的核心模块。此模块除了用于演示仿真动画以外，最重要的是具有"模型—程序"转化功能。ROBOGUIDE 能够获取 Parts 模块的数模信息，将其转化成程序轨迹信息，用于快速编程和复杂轨迹编程。

（3）Fixtures

Fixtures（工装模块）属于工件辅助模块，在仿真工作中充当工件的载体——工装。此模块为工件的加工、搬运等仿真功能提供平台。Fixtures 模型之间是相互独立的个体，无法以某一个模型为基础进行链接添加去组建模组，而且模型的添加数量没有限制。为了方便模型的管理、操作和查找，每个模型都可以采用中文进行自定义命名。在创建 Fixtures 的工装模型时可使用软件本身的模型或者外部的模型。其中，利用软件本身的资源创建工装的途径有两个：一个是自行绘制简单的几何体；另一个是从模型库中添加。模型库中的模型虽然数量有限，但样式较为直观，能够帮助初学者理解 Fixtures 的作用和意义。

（4）Machines

Machines（机械装置）主要服务于外部机械装置，此模块同机器人模型一样可实现自主运动。Machine 下的模型用于可运动的机械装置上，包括传送带、推送气缸、行走轴等直线运行设备，或者转台、变位机等旋转运动设备。在整个仿真场景中，除了机器人以外的其他所有模型要想实现自主运动，都是通过建立 Machines 来实现的。另外，Machines 模块下的模型还是工件模型的重要载体之一，为工件的加工、搬运等仿真功能的实现提供平台。

（5）Obstacles

Obstacles（障碍物）下的模型是仿真工作站非必需的辅助模型。此类模型一般用于外围设备模型和装饰性模型，包括焊接设备、电子设备、围栏等。Obstacles 本身的模型属性

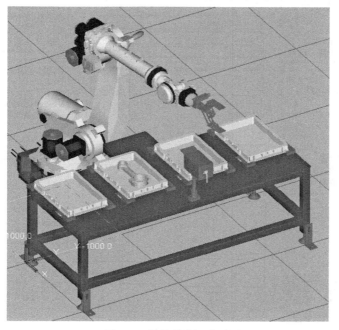

图 3-1　简易仿真工作站

对于仿真并不具备实际的意义,其主要作用是保证虚拟环境和真实现场的布置一致,使用户在编程时考虑更全面。比如在编写离线程序时,机器人的路径应绕开这些物体,避免发生碰撞。

二、任务描述

如图 3-1 所示,仿照真实的工作现场在软件中建立一个虚拟的工作站。工作站中包括工业机器人(机器人型号为 R-2000iC/165F)、夹爪工具、连杆工件、工件托盘、工装台以及其他的外围设备等。

三、关键设备

安装 ROBOGUIDE 软件的电脑一台。

四、工作站的创建与仿真动画

创建机器人仿真工作站

任务实施

步骤1 创建机器人工程文件

参考任务二创建一个机器人工程文件,选择 HandlingPRO 模块→LR Handling Tool 软件工具→R-2000iC/165F 机器人。

步骤2 机器人属性设置

(1) 打开机器人属性设置窗口

直接双击视图窗口中的机器人模型,打开其属性设置窗口,如图 3-2 所示。

机器人属性设置

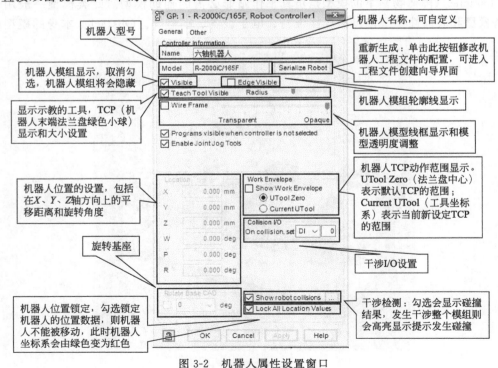

图 3-2 机器人属性设置窗口

(2) 重命名

将机器人重命名为"六轴机器人"。

(3) 机器人模型显示设置

取消勾选"Edge Visible"选项,机器人模型轮廓将被隐藏,这样可提高计算机的运行速度。

(4) 碰撞检测设置

勾选"Show robot collisions"选项,可检测机器人在编程过程中是否发生碰撞。

(5) 机器人位置锁定设置

勾选"Lock all Location Values"选项,可锁定机器人的位置,避免误操作移动机器人,完成后单击"Apply"应用,设置完成后如图3-2所示。

步骤3 工具(Eoat)的创建与设置

(1) 打开工具属性设置窗口

在"Cell Browser"导航目录窗口中,选中1号工具"UT:1",单击鼠标右键,选择"Eoat1 Properties"(机械手末端工具1属性),如图3-3所示,或者直接双击"UT:1",打开工具属性设置窗口。

工具的创建与设置

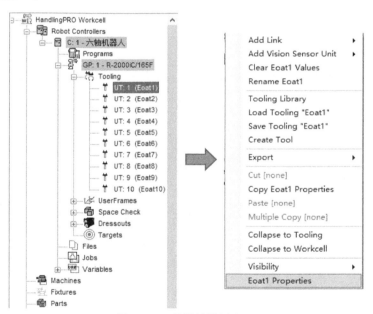

图3-3 工具属性设置入口

(2) 添加工具

在弹出的工具属性设置窗口中选择"General"常规设置选项卡,单击"CAD File"右侧的第2个按钮,从软件自带的模型库里选择所需的工具模型,如图3-4所示。

(3) 选择工具型号

本任务以添加夹爪工具为例,在模型库中执行菜单命令"EOATs"→"grippers",选择夹爪"36005f-200-2",单击"OK"按钮完成选择,如图3-4所示。

(4) 加载工具

上述操作完成后,三维视图中并没有显示出夹爪的模型,此时单击"Apply"按钮,夹爪工具才会添加到机器人末端,如图3-5所示。

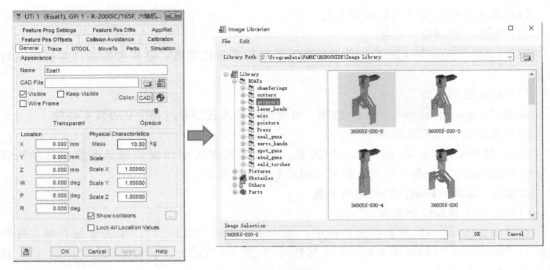

图 3-4 选择工具模型

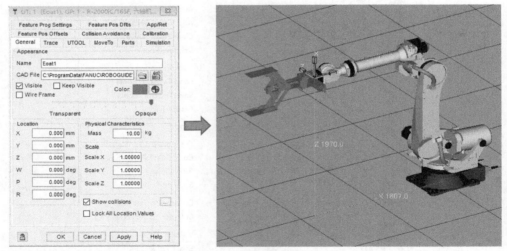

图 3-5 添加的夹爪模型

（5）修改工具尺寸和位姿

图 3-4 中添加的工具模型的尺寸和姿态显然是不正确的。应在当前设置窗口中修改工具的位置数据："W" 设为 −90（使其沿 X 轴顺时针旋转 90°）；每个轴向上的尺寸大小都设为 0.5 倍，这样工具就能正确安装到机器人法兰盘上；勾选窗口中最下方的 "Lock All Location Values" 选项，使其相对于机器人法兰盘的位置固定，避免因为误操作使工具偏离机器人，如图 3-6 所示。

（6）重命名

鼠标右键单击工具中的 "UT：1"，选择 "Rename"，将其重命名为 "夹爪"，如图 3-7 所示。或者在工具的属性设置窗口中的 "Name" 栏中输入名称，然后单击 "Apply" 按钮应用。

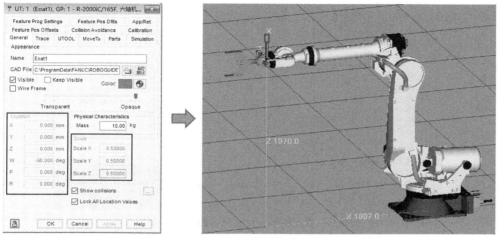

图 3-6 夹爪大小及位姿调整

步骤 4 工装（Fixture）的创建与设置

1. 绘制法创建工装台

（1）绘制模型

打开"Cell Browser"导航目录窗口，鼠标右键单击"Fixtures"，执行菜单命令"Add Fixture"→"Cylinder"，如图 3-8 所示。此时，视图中机器人模型的正上方会出现一个立方体模型。

（2）设置工装台的大小

在弹出的 Fixture1 模型属性设置窗口的"General"常规设置选项卡下，输入"Size"的 2 个参数数据："Diameter=1000""Length=600"，设置完成后，单击"Apply"按钮确认，默认单位为 mm，如图 3-9 所示。

（3）设置工装台的位置

方法一 拖动视图中 Fixture1 模型上的绿色坐标系，调整至合适位置，单击"Apply"按钮确认。

方法二 在 Fixture1 模型属性界面的位置数据中直接输入数据：X=1500，Y=0，Z=300，W=90，P=0，R=0，单击"Apply"按钮确认，如图 3-10 所示。

设置完成后，勾选"Lock All Location Values"选项，单击"Apply"按钮锁定工作台的位置，避免误操作使工装台发生移动。

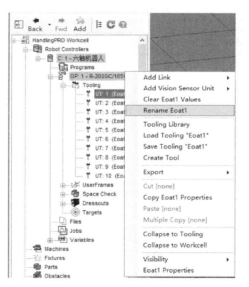

图 3-7 夹爪重命名

工装的创建与设置

2. 模型库添加工装

（1）添加工装模型

打开"Cell Browser"导航目录窗口，鼠标右键单击"Fixtures"，执行菜单命令"Add Fixture"→"CAD Library"，如图 3-11 所示。

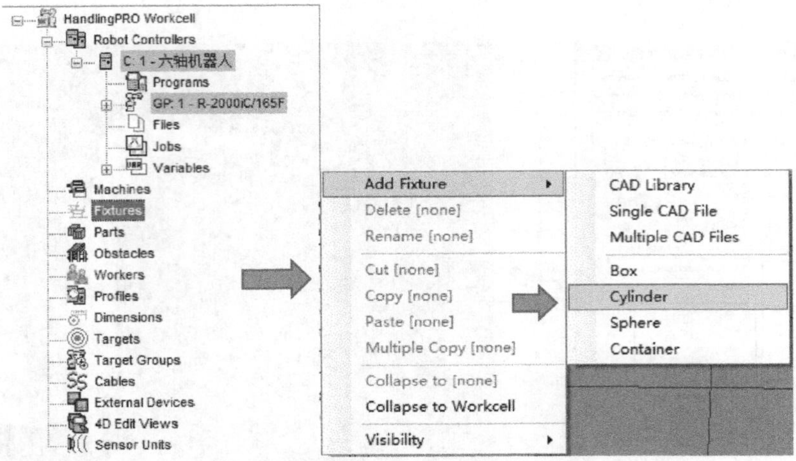

图 3-8 绘制 Fixture 几何体的操作步骤

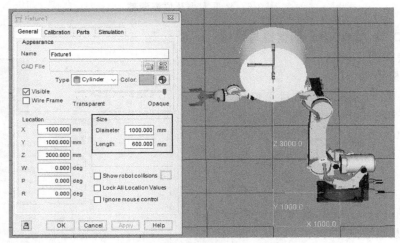

图 3-9 Fixture1 模型尺寸设置

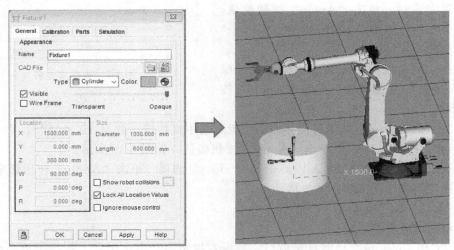

图 3-10 Fixture1 模型的位置设置

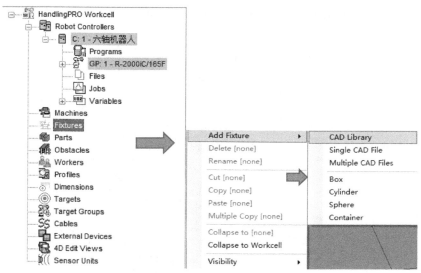

图 3-11　添加 Fixture 模型的操作步骤

(2) 选择工装台

在图 3-12 所示的目录中,选择一个带有托盘的工装台"Container_Table",单击"OK"按钮将其添加到工作站中。

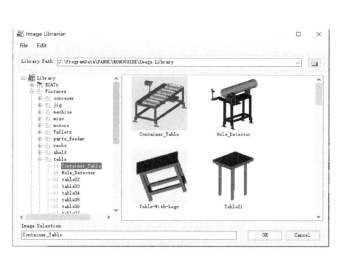

图 3-12　选择工装台型号

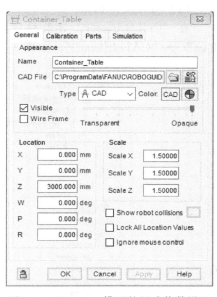

图 3-13　Fixture1 模型的尺寸倍数设置

(3) 设置工装台的大小

由于模型默认尺寸与当前机器人不匹配,所以将长、宽、高的尺寸倍数都设置为 1.5 倍,如图 3-13 所示。

(4) 设置工装台的位置

将光标直接放在模型的绿色坐标系上,拖动到合适的位置,或者直接输入:X=

1000，Y＝－1000。设置完成后，勾选"Lock All Location Values"（锁定位置）选项锁定工作台的位置，避免误操作使工装台发生移动，最后单击"Apply"按钮确认，如图 3-14 所示。

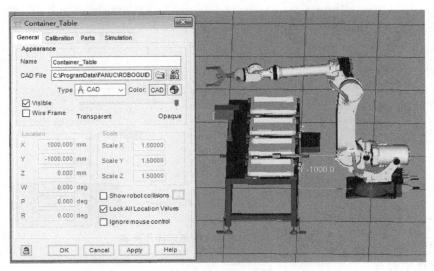

图 3-14　Fixture1 模型的位置设置

步骤 5　Part（工件）的创建与设置

（1）打开工件模型

在"Cell Browser"导航目录窗口中，鼠标右键单击"Parts"，执行菜单命令"Add Part"→"CAD Library"，如图 3-15 所示。

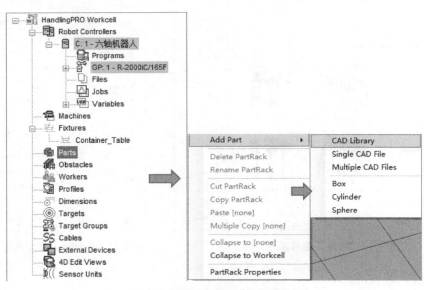

图 3-15　添加 Part 模型的操作步骤

（2）选择 Part 模型

在弹出的模型资源库中选择"Conrod"连杆，如图 3-16 所示，单击"OK"按钮将其添加到工作站中。

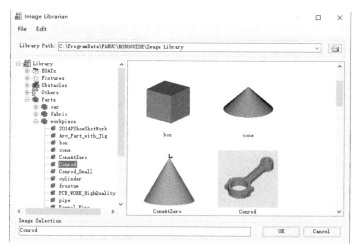

图 3-16　连杆模型

(3) 设置连杆大小

由于连杆模型的尺寸与工作站环境不匹配，所以将模型所有方向上的尺寸倍数均设置为 1.5 (Scale X/Y/Z)，如图 3-17 所示。

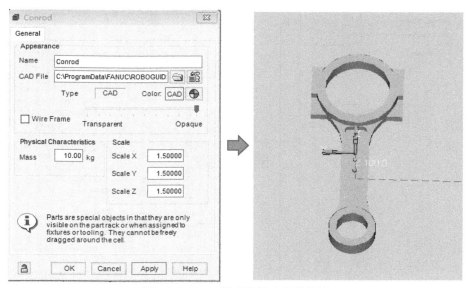

图 3-17　Part1 模型的尺寸倍数设置

步骤 6　工件 (Part) 与工装 (Fixture) 的关联设置

(1) 打开工装属性设置窗口

双击之前创建的工装台 Fixture1 模型，打开其属性设置窗口，单击"Parts"选项卡，出现该模型关于 Part 模型的设置页面，如图 3-18 所示。

(2) 关联设置

在空白区域的 Parts 列表中，勾选之前创建的 Part1 模型，单击"Apply"按钮确认，在 Fixture1 上出现 Part1，如图 3-19 所示。

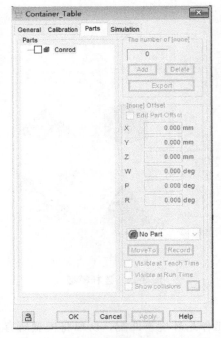

图 3-18　Fixture 上的 Parts 设置项目

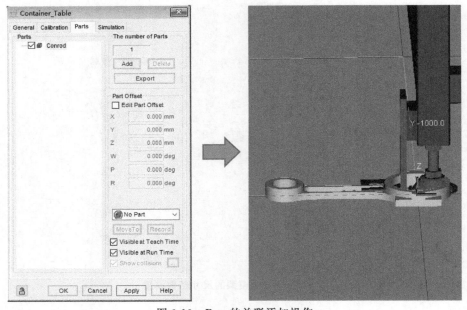

图 3-19　Part 的关联添加操作

(3) 工件位置设置

图 3-18 中连杆模型的位置相对于工作台是错误的，这主要是模型坐标系导致的问题，需要手动调整。勾选"Edit Part Offest"（编辑 Part 偏移位置）选项，定义 Part1 相对于 Fixture1 的位置和方向。

方法一　使用鼠标直接拖动视图中连杆模型上的绿色坐标系，调整至合适位置，单击"Apply"按钮确认。

方法二　直接输入偏移的数据，X＝480，Y＝900，Z＝950，W＝0，P＝0，R＝0，设置完成后，单击"Apply"按钮确认，如图 3-20 所示。

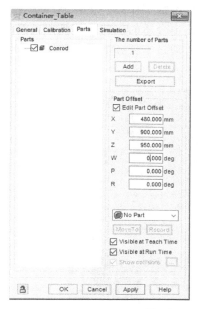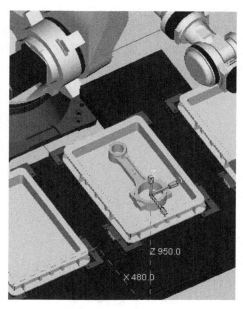

图 3-20　Part 在 Fixture1 上的位置

经过工具、工装台、工件的创建和设置，工程文件中具备了机器人、工具、工装和工件 4 种基本要素，从而完成了一个基础的仿真工作站的搭建。

该任务参考评分标准见表 3-1。

表 3-1　参考评分表

序号	考核内容 （技术要求）	配分	评分标准	得分情况	指导教师 评价说明
1	仿真模块选择	10 分			
2	机器人选择	10 分			
3	机器人模型一般设置	20 分	显示设置(10 分) 位置设置(10 分)		
4	创建工具	20 分	模型选择(10 分) 模型调整(10 分)		
5	Fixture 的创建与设置	20 分	模型创建(10 分) 关联工件(10 分)		
6	创建工件	20 分			

任务总结

本任务在 ROBOGUIDE 的虚拟环境中仿照真实的工作场景建立一个仿真工作站。通过机器人的属性设置、工具的创建与设置、工装的创建与设置、工件的创建与设置，以及各个模型相应的关联设置，掌握基础实训仿真工作站的创建步骤及创建过程中需注意的事项。

**学后测评
创建流程**

学后测评

如图 3-21 所示，在 ROBOGUIDE 软件中建立一个虚拟工作站。工作站中选用 FANUC M-10iD/12 搬运机器人，工作台和工件需放在机工作站中合适的位置，使机器人能在规定的范围内实现相应的动作，从而保证机器人高效地工作。通过本任务的学习并结合该练习，读者可对仿真工作站的布局有基本的认识。

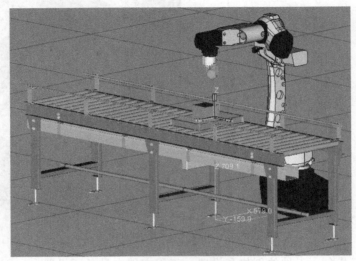

图 3-21 仿真工作站创建

任务四
离线仿真示教编程

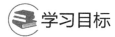

学习目标

知识目标：
1. 了解工业机器人仿真工作站的布局流程；
2. 了解创建工具坐标、用户坐标的方法；
3. 掌握仿真程序的创建方法。

技能目标：
1. 能够布局机器人仿真工作站；
2. 能够仿真运行工作站；
3. 能够录制视频和保存工作站。

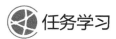

任务学习

一、知识链接

离线编程是 ROBOGUIDE 软件的重要应用之一，离线编程的初级应用就是离线示教编程。离线示教编程是在仿真工程文件中移动机器人的位置、调整机器人的姿态，并配合虚拟 TP 或者仿真程序编辑器来记录机器人位置信息，从而编写机器人的运行控制程序。仿真机器人工程文件支持虚拟 TP（示教器）的使用，其操作方法几乎与真实的 TP 相同，这就使得示教编程的方法同样适用于仿真环境。另外，仿真程序编辑器的使用极大地简化了示教编程的操作，提高了编程速度。离线示教与在线示教编程的方法虽然相同，但相对于在线示教还是存在以下优势。

① 编程时可脱机工作，在无实体机器人的情况下进行编程，避免占用机器人正常的工作时间。

② 可运用软件的快捷操作，使机器人 TCP（工具坐标系）位置和姿态的调整更加方便和快速，从而缩短编程的周期。

③ 运用软件的仿真功能，判断程序的可行性以及是否达到预期，提前预知运行结果，使得程序的修改更方便和快捷。

1. 虚拟 TP 简介

示教器（Toach Pendant，TP）是应用工具软件与用户之间实现交互的操作装置，它通过电缆与控制装置连接。TP 的作用包括移动机器人、编写机器人程序、试运行程序、生产运行、查看机器人状态（I/O 设置、机器人位置信息等）、手动运行等。图 4-1 所示为 ROBOGUIDE 中的虚拟 TP，其按键的布置与真实的 TP 基本相同，操作方法也基本无异。在操作虚拟 TP 时，通过单击各个按键模拟手指的按压。由于仿真环境不涉及现实中的安全问题或者突发情况,所以虚拟 TP 没有急停按钮和 DEADMAN 按键。但是为了操作更加方便,虚拟 TP 的上方设置了 7 个按钮。

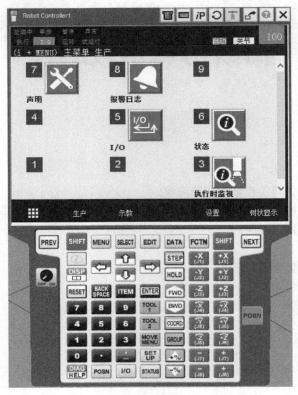

图 4-1 虚拟 TP

① TP 上方 7 个按钮简介如表 4-1 所示。

表 4-1 TP(示教器)快捷按钮简介

按键	功能说明
(Show keypad)	显示示教器键盘,打开/关闭 TP 键控面板,打开时高亮显示 68 个键控按键,关闭则只显示 TP 的显示屏
(Use PC keyboard shortcuts for TP keypad keys)	计算机键盘控制 TP 计算机键盘输入字符,高亮显示时键盘可控制虚拟 TP
(Toggle iPendant/Legacy Mode)	彩屏版 TP/单色版 TP 切换 高亮时为彩屏版
(Cold Start)	系统冷启动按钮
	使机器人 TCP 快速到达记录的某一点
(Allow this window to be outside the main window)	将该窗口移除主窗口外

续表

按键	功能说明
	帮助 如果单击，则会显示 ROBOGUIDE 的在线帮助。也可以通过虚拟示教器的右键菜单操作上述图标功能

② 虚拟示教器上的 68 个键控开关按钮，是点动机器人、进行系统设置、编写程序以及查看机器人状态等功能的操作按键，如图 4-2 所示。键控开关面板按键功能说明如表 4-2 所示。

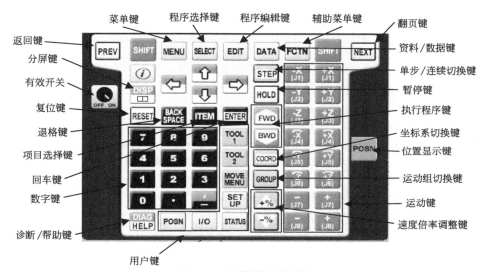

图 4-2 TP 键控开关面板

表 4-2 键控开关面板按键功能说明

按键	功能
PREV	"PREV"(返回)键，用来使显示返回到之前进行的状态。根据操作，有的情况下不会返回到之前的状态显示
NEXT	"NEXT"(翻页)键，用来将功能键菜单切换到下一页
SHIFT	"SHIFT"键与其他按键同时按下时，可以进行点动进给、位置数据的示教、程序的启动
MENU	"MENU"(菜单)键，用来显示界面菜单
SELECT	"SELECT"(程序选择)键，用来显示程序一览界面
EDIT	"EDIT"(程序编辑)键，用来显示程序编辑界面
DATA	"DATA"(资料/数据)键，用来显示数据界面

续表

按键	功能
FCTN	"FCTN"(辅助菜单)键,用来显示辅助菜单
(i)	"i"键,与以下键同时使用,将让图形界面操作成为基于按键的操作 • "MENU"(菜单)键 • "FCTN"(辅助菜单)键 • "EDIT"(程序编辑)键 • "DATA"(资料/数据)键 • "POSN"(位置显示)键 • "JOG"(点动)键 • "DISP"(分屏)键
DATA	"STEP"(单步/连续切换)键,用来切换测试时的单步运行或连续运行切换
DISP	在单独按下该键的情况下,移动操作对象界面;与"SHIFT"键同时按下的情况下,分割屏幕(单屏、双屏、三屏、状态/单屏)
HOLD	"HOLD"(暂停)键,用来中断程序的执行
←↑↓→	光标键,用来移动光标。光标是指可在 TP 界面上移动的、反相显示的部分。该部分成为通过 TP 键进行操作(数值/内容的输入或者变更)的对象
RESET	"RESET"(复位)键,清除一般报警信息
BACK SPACE	"BACK SPACE"(退格)键,用来删除光标位置之前的一个字符或数字
ITEM	"ITEM"(项目选择)键,用来输入行号码后移动光标
FWD BWD	"FWD"(前进)键、"BWD"(后退)键与"SHIFT"键同时按下时,用于程序的启动;程序执行中松开"SHIFT"键时,程序执行暂停
7 8 9 / 4 5 6 / 1 2 3 / 0 . ,	数字键
TOOL 1 TOOL 2	"TOOL 1"和"TOOL 2"键,用来显示工具1和工具2界面
COORD	"COORD"(坐标系切换)键,用来切换手动进给坐标系(点动的种类)。可依次进行如下切换:"关节"→"手动"→"世界"→"工具"→"用户"→"关节"。当同时按下此键与"SHIFT"键时,出现用来进行坐标系号切换的菜单
MOVE MENU	"MOVE MENU"键,用来显示预定位置返回界面
GROUP	单击该按键时,按照 G1→G1S→G2→G2S→G3→…→G1→…的顺序,依次切换组、副组;按住"GROUP"(运动组切换)键的同时,按住希望变更的组号码的数字键,即可变更为该组;此外,在按住"GROUP"键的同时按下"0",就可以进行副组的切换

续表

按键	功能
SET UP	"SET UP"(设定)键,用来显示设定界面
DIAG HELP	在单独按下该键的情况下,移动到提示界面;在与"SHIFT"键同时按下的情况下,移动到报警界面
POSN	"POSN"(位置显示)键,用来显示当前位置界面
I/O	"I/O"(输入/输出)键,用来显示 I/O 界面
STATUS	"STATUS"(状态显示)键,用来显示状态界面
+% -%	倍率键,用来变更速度倍率,可依次进行如下切换:"微速"→"低速"→"1%→5%→50%→100%"(5%以下时以 1%为刻度切换,5%以上时以 5%为刻度切换)
-X(J1) +X(J1) -Y(J2) +Y(J2) -Z(J3) +Z(J3) -X̃(J4) +X̃(J4) -Ỹ(J5) +Ỹ(J5) -Z̃(J6) +Z̃(J6) -(J7) +(J7) -(J8) +(J8)	点动键,与"SHIFT"键同时按下可用于点动进给;J7、J8 键用于同一群组内的附加轴的点动进给。但是,在五轴机器人和四轴机器人等不到六轴机器人的情况下,从空闲中的按键起依次使用。例如,在五轴机器人上,将 J6~J8 键用于附加轴的点动进给
POSN	虚拟示教器上另加了一个"POSN"键,单击"POSN"按键可打开工业机器人位置设置页面,如图 4-3 所示。选择坐标系后在位置参数文本框中输入位置值,单击"MoveTo"按钮或按下 PC 键盘上的"ENTER"键可使机器人各轴位姿移动到当前坐标值位置

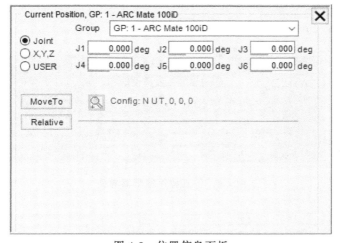

图 4-3 位置信息面板

③ 虚拟 TP 界面（图 4-4）的上部是状态窗口，如图 4-5 所示。显示的内容自上而下、从左到右依次是 8 个软件 LED 显示、报警显示（第 1 行）和程序运行状态（第 2 行）、手动坐标系（关节、世界等）、机器人运动速度倍率值。每个软件的 LED 显示都有两种状态，带有图标或高亮显示状态表示"ON"，不带图标或灰色显示状态表示"OFF"，其含义如表 4-3 所示。

图 4-4 虚拟 TP 界面

图 4-5 虚拟 TP 状态窗口

表 4-3 状态指示灯及说明

状态指示灯	说明	状态指示灯	说明
处理中	Mate 控制柜正在处理信息	执行	正在执行程序
单步	机器人程序单步执行	I/O	应用程序固有 LED，常亮
暂停	机器人处于"HOLD"暂停状态	运转	机器人自动运行中
异常	有故障发生	试运行	机器人为试运行状态

2. 仿真程序编辑器简介

用来创建仿真程序的编辑窗口被称为仿真程序编辑器。实际上仿真程序编辑器相当于简化版的 TP 编程界面，如图 4-6 所示。仿真程序编辑器在编程时比 TP 操作更简便，编程更快速，但是只能进行部分程序指令的编辑，其功能相对于 TP 编程界面较少。仿真程序编辑器的工具栏如图 4-7 所示。仿真程序编辑器工具栏简介如表 4-4 所示。

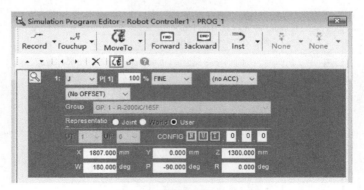

图 4-6 仿真程序编辑器界面

图 4-7 仿真程序编辑器的工具栏

表 4-4　仿真程序编辑器工具栏简介

工具栏	功能说明
Record	记录点并添加动作指令,下拉选项中只包含关节指令和直线指令
Touchup	更新记录点位置信息,相当于 TP 编程界面的点位重新示教功能
MoveTo	移动机器人至任意的记录位置
Forward	顺序单步运行程序
Backward	逆向单步运行程序
Inst	添加控制指令,包含时间等待、跳转、I/O、条件选择等常用的控制指令

在 ROBOGUIDE 中,仿真程序用 图标来表示,TP 程序用 图标来表示,仿真程序可以转换成 TP 程序,但是 TP 程序无法转换成仿真程序。用 TP 打开仿真程序,程序中有些指令行前方加 "!",并且底色为蓝色,这些指令行就是仿真程序虚构的仿真指令或者注释行。仿真程序运行时既能运行上述的注释行,也可以运行正常的 TP 程序指令行;而 TP 运行时则无法识别这些仿真程序的指令,会自动跳过,执行正常的程序指令。

3. 任务背景

在 ROBOGUIDE 中搭建仿真工作站的过程其实就是模型布局和设置的过程。任务三中采用绘制简单几何体模型和添加软件自带模型的方法来创建仿真工作站,是一种快速构建工作站的方式。但是同时也产生了较大的局限性,软件本身较弱的建模能力导致了仿真工作站很难做到与真实的现场统一。如果要进行机器人工作站的离线编程和仿真,应该尽量使软件中的虚拟环境和真实现场保持高度一致,离线程序与仿真的结果才能更加贴近实际。此时,ROBOGUIDE 的建模能力就远远不能满足实际的需求,外部模型的导入就成为了解决这一问题的有效手段。通过工作站的工程图纸或者现场测量获得数据,在专业三维制图软件中制作与实物相似度极高的模型,然后转换成 ROBOGUIDE 能识别的格式(常用 IGS 图形格式),接着导入到工程文件中进行真实现场的虚拟再现。

二、任务描述

如图 4-8 所示,仿照真实的工作现场在软件中建立一个虚拟工作站。图 4-8 所示为一个简易的仿真工作站,由 "FANUC M-10iD/12" 型机器人、笔型工具、矩形工件和工作站基座组成。其中,工作站基座和末端执行工具采用专业绘图软件制作的 IGS 格式图形,矩形工件直接从软件自带的模型库中添加。首先,需要在此仿真工作站上,利用虚拟示教的方法编写工作台上矩形工件的轨迹程序,然后试运行,确认无误后,用软件自带的录制视频功能将工作站的动画视频录制下来,并学会保存工作站和寻找保存文件的路径的方法。

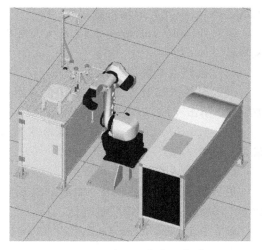

图 4-8　离线示教仿真工作站

三、关键设备

安装 ROBOGUIDE 软件的电脑一台。

四、离线仿真示教编程工作站的创建与仿真动画

离线仿真示教编程

 任务实施

步骤1 创建工程文件

创建一个机器人工程文件,选择"HandlingPRO"模块,创建至第五步时选择"LR Handling Tool"软件工具,机器人型号选择"M-10iD/12"机器人。

(1) 机器人系统加载界面1

进入机器人加载界面1,如图4-9所示,此界面为机器人末端法兰盘的选择界面,在此界面输入数字1,单击"ENTER"键确认。

注:1:Normal Flange(标准法兰);2:ISO Flange(国际标准法兰)。

仿真动画

工程文件的创建

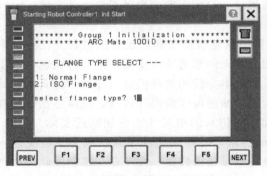

图4-9 机器人末端法兰盘选择

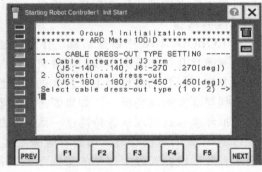

图4-10 电缆装饰类型选择

(2) 机器人系统加载界面2

进入机器人加载界面2,如图4-10所示,此界面为电缆装饰类型选择界面(J5、J6轴范围选择),在此界面输入数字1,单击"ENTER"键确认。

注:1. Cable integrated J3 arm(电缆集成J3壁);2. Conventional dress-out(传统装饰)。

(3) 机器人系统加载界面3

进入机器人加载界面3,如图4-11所示,此界面为J1轴范围设置界面,在此界面输入数字1,单击"ENTER"键确认。

注:1. −170..170 [deg](运动范围为−170°~170°);2. −185..185 [deg](运动范围为−185°~185°)。

(4) 机器人系统加载界面4

进入机器人加载界面4,如图4-12所示,此界面为制动器类型设置界面,在此界面输入数字2,单击"ENTER"键确认。

注:1. 4 axes brake (only J2, J3, J4, J5)(4轴制动器);2. all axes brake(所有轴的制动器设置)。

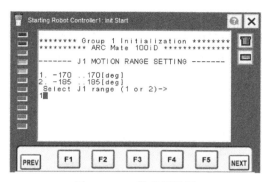
图 4-11 J1 轴范围设置

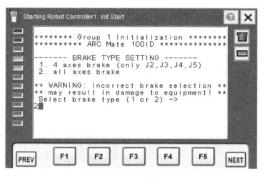
图 4-12 制动器类型设置

（5）机器人系统加载界面 5

进入机器人加载界面 5，如图 4-13 所示，此界面为电缆设置界面，在此界面输入数字 1，单击"ENTER"键确认。此时机器人系统加载完成。

注：1. Standard（标准设置）；2. Cable forming kit（电缆成型套件设置）。

（6）机器人属性设置

双击视图窗口中的机器人模型，打开属性设置窗口，取消勾选"Edge Visible"，机器人模型轮廓将隐藏，可提高计算机的运行

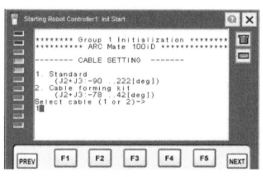
图 4-13 电缆设置

速度。勾选"Show robot collisions"，用于检测机器人在编程过程中是否发生碰撞，设置完成后如图 4-14 所示。

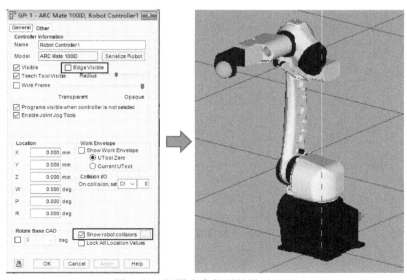
图 4-14 机器人常规属性设置界面

步骤2 工装（Fixture）的创建与设置

（1）添加工作站

工装的创建与设置

在"Cell Browser"导航目录窗口中，从"Fixtures"模块下导入一个工作台。鼠标右键单击"Fixtures"，在弹出的窗口中执行菜单命令"Add Fixture"（添加工装）→"Single CAD File"（CAD文件），如图4-15所示。

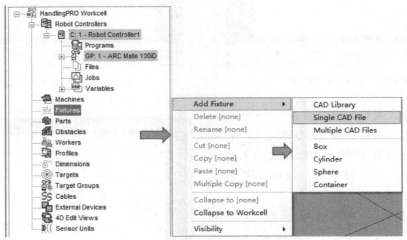

图4-15 导入Fixture模型的步骤

（2）选择工作台模型

从计算机的存储目录中找到相应的文件（文件格式为IGS），选择"HZ-II-F02-00.IGS"（工作站主体）文件（如图4-16所示），单击"打开"按钮将其添加到场景中。

图4-16 外部模型存放目录

（3）设置工作台位置

方法一 拖动视图中"Fixture1"模型上的绿色坐标系，调整至合适位置，勾选"Lock All Location Values"锁定位置，单击"Apply"应用按钮锁定工作台的位置。

方法二 在"Fixture1"模型属性界面的位置数据中直接输入"Location"的六个数据"X=0，Y=0，Z=0，W=0，P=0，R=0"，勾选"Lock All Location Values"锁定位置，单击"Apply"应用按钮锁定工作台的位置，如图 4-17 所示。

图 4-17 工作台位置设置

（4）调整机器人位置

用鼠标左键按住机器人模型上的绿色坐标系，移动机器人模型到工作台上的合适位置，在机器人属性设置窗口中勾选"Lock All Location Values"选项锁定位置，如图 4-18 所示。

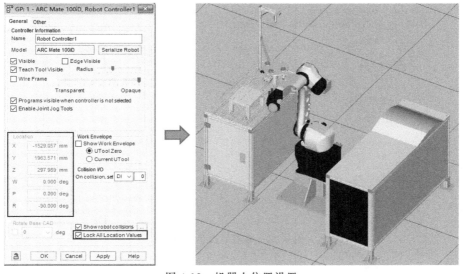

图 4-18 机器人位置设置

工具的创建
与设置

步骤3　工具（Eoat）的创建与设置

（1）打开工具属性设置窗口

在"Cell Browser"导航目录窗口中，双击"Tooling"中的"UT：1"，打开工具的属性设置窗口，如图 4-19 所示。

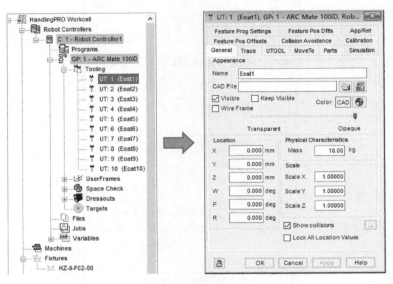

图 4-19　工具属性窗口打开操作

（2）选择笔型工具型号

在弹出的工具属性设置窗口中选择"General"常规设置选项卡，单击"CAD File"右侧的第一个按钮，从模型库里选择"笔（2）.IGS"文件，单击"打开"按钮，如图 4-20 所示。

图 4-20　笔型工具存放目录

（3）笔型工具的设置

模型加载后，由于三维绘图软件坐标系的设置问题会使模型导入到 ROBOGUIDE 中的位姿不正确，此时应通过调节模型 X、Y、Z 偏移量和轴的旋转角度，使笔型工具正确地安装在机器人第六轴的法兰盘上。调整完毕后勾选属性设置窗口中的"Lock All Location Values"选项锁定其位置数据,如图 4-21 所示。

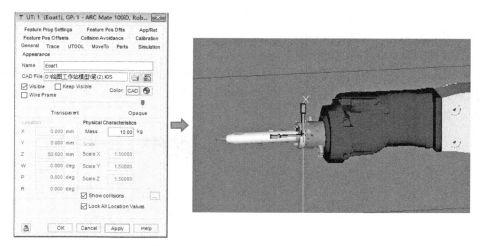

图 4-21 笔型工具尺寸和位置设置

步骤 4 工具坐标系(TCP)的设置

在真实的机器人上设置工具坐标系时,常用到的方法是三点法和六点法。如果将上述方法应用在仿真机器人上,那么操作起来同样是相当烦琐的,并且也会产生精度误差,所以 ROBOGUIDE 提供了一种更为直观与简易的工具坐标系快速设置功能。

工具坐标系的设置

(1) 打开工具坐标系设置窗口

鼠标双击工具坐标系"UT:1",弹出工具属性设置窗口,选择"UTOOL"(工具),勾选"Edit UTOOL"(编辑工具坐标系),设置工具坐标系(TCP)位置。

(2) 工具坐标系设置方法。

方法一 使用鼠标直接拖动画面中绿色工具坐标系(TCP),调整至笔尖合适位置。调整完毕后单击"Use Current Triad Location"(使用当前位置)按钮,软件会自动算出 TCP 的 X、Y、Z、W、P、R 值,单击"Apply"按钮确认。

方法二 直接输入工具坐标系偏移数据:X=0,Y=0,Z=281,W=0,P=0,R=0,单击"Apply"按钮确认,如图 4-22 所示。

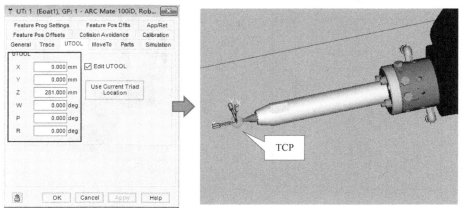

图 4-22 工具坐标系的设置

步骤5 用户坐标系的设置

在真实的机器人工作站中设置用户坐标系时,常用的方法是三点法和四点法,现实中的设置方法同样适用于仿真机器人工作站。ROBOGUIDE 软件同样也支持用户坐标系的快速设置功能,其设置方式更直观、快速。

用户坐标系的设置

(1) 打开用户坐标系属性设置窗口

在"Cell Browser"导航目录窗口中,依次点开工程文件结构树,找到"UserFrames"用户坐标系,双击"UF:1"(UF:0与世界坐标系重合,不可编辑)弹出用户坐标系属性设置界面,如图 4-23 所示。

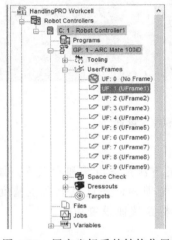
图 4-23 用户坐标系的结构位置

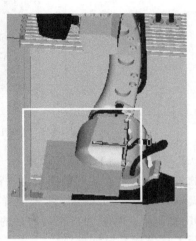
图 4-24 显示用户坐标系初始位置

(2) 用户坐标系的设置

勾选"Edit UFrame"编辑用户坐标系选项,机器人周围会出现相应颜色的平面模型。平面模型的一个角点带有绿色坐标系标志,如图 4-24 所示。ROBOGUIDE 软件将用户坐标系以模型的形式直观展现在空间区域内,可以清楚表达坐标系的原点位置和轴向。

(3) 用户坐标系的编辑

用鼠标直接拖动用户坐标系模型的位置或者设置 X、Y、Z 偏移数据和 W、P、R 旋转角度,将坐标系与画板对齐,形成新的用户坐标系,如图 4-25 所示,单击"Apply"按钮完成设置。

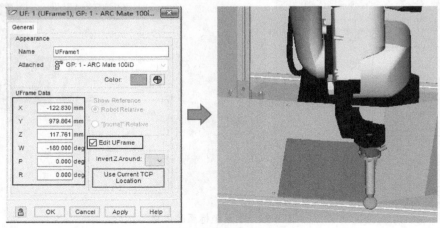
图 4-25 用户坐标系设置

步骤6 工件（Part）的创建与设置

（1）绘制法创建工件模型

在"Cell Browser"导航目录窗口中，鼠标右键单击"Parts"，执行菜单命令"Add Part"（添加工件）→"Box"，创建一个立方体，如图4-26所示。

工件的创建与设置

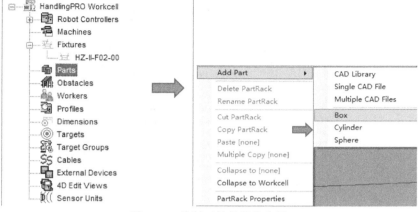

图4-26 绘制工件的操作步骤

（2）修改Part的大小参数

在弹出的Part属性设置窗口中，输入Part的大小参数：X=200，Y=300，Z=10（默认单位是mm），单击"Apply"按钮确认，如图4-27所示。

工件与工装的关联设置

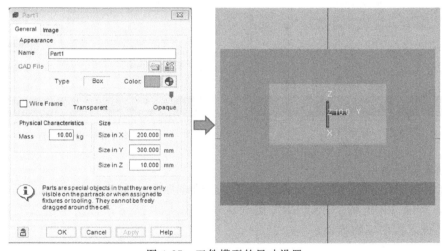

虚拟TP的示教编程

图4-27 工件模型的尺寸设置

步骤7 工件（Part）与工装（Fixture）的关联设置

将工件（Part）与工装（Fixture）进行关联设置，并调整至合适的位置，完成后的效果如图4-28所示。

步骤8 虚拟TP的示教编程

（1）打开虚拟TP

单击工具栏上的 图标，打开虚拟示教器（TP）。在虚拟示教器（TP）面板上，打开TP的有效开关 ，单击"SELECT"键，进入程序一览界面，如图4-29所示。

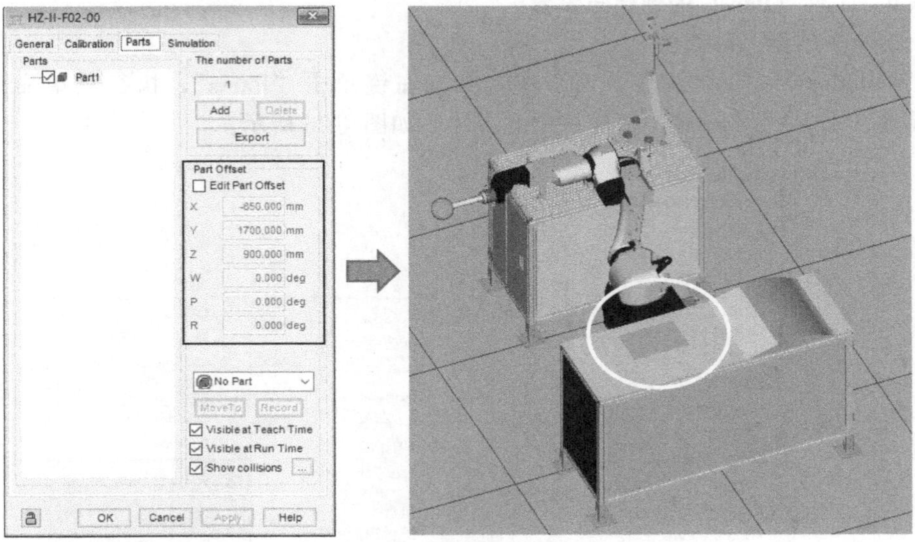

图 4-28 工件在工装上的位置

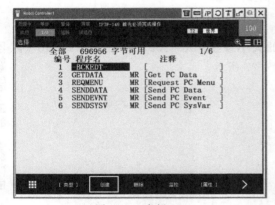

图 4-29 虚拟 TP

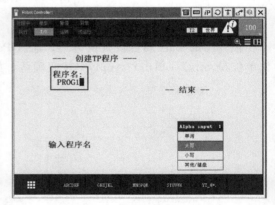

图 4-30 创建程序名

（2）创建程序名

单击示教器上的"创建"按钮，进入程序名创建界面，选择大写字符，输入程序名为"PROG1"，单击 TP 上的"ENTER"键确认，如图 4-30 所示；再次单击 TP 上的"ENTER"键，进入程序编辑界面。

（3）切换坐标系

单击 TP 上的"COCRD"键，将坐标系切换为世界坐标系，如图 4-31 所示。

（4）添加动作指令

单击 TP 上的 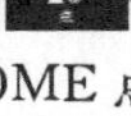 按钮，添加动作指令，如图 4-32 所示。

（5）设置 HOME 点

选择关节动作指令"J P [ ] 100% FINE"，记录第 1 个点的位置信息，将第 1 个点设置为 HOME 点，把光标移至 [1] 位置，在 TP 上选择  按钮，调出点的位置信息，如图 4-33 所示；修改位置信息，在 TP 上执行菜单命令"形式"→"关节"，把第 5 轴设置为 −90，其他轴均为 0，如图 4-34 所示，单击"完成"确认，HOME 点已被更新至 P [1]。

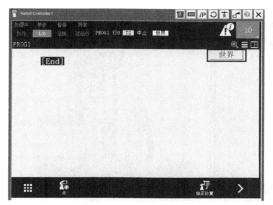

图 4-31 切换坐标系

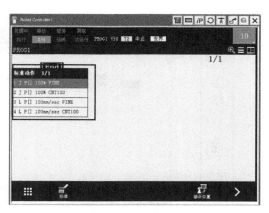

图 4-32 添加动作指令

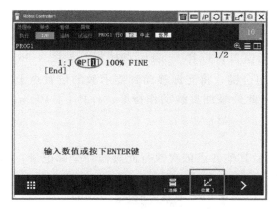

图 4-33 动作指令的修改

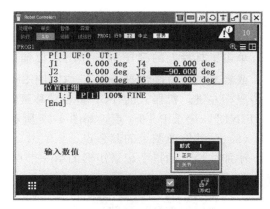

图 4-34 位置数据的手动输入

（6）设置接近点

移动机器人到达矩形位置上方，单击 ![btn] 按钮，添加关节动作指令"J P［］100％ FINE"，记录 P［2］点，如图 4-35 所示。

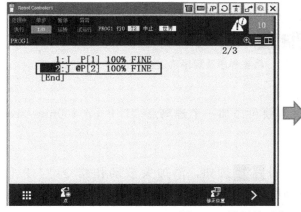
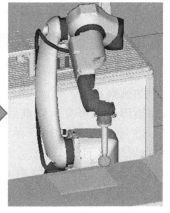

图 4-35 设置接近点

 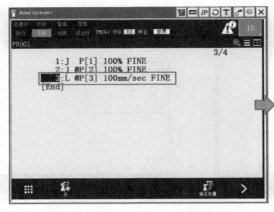 

图 4-36 点位捕捉工具栏　　　　图 4-37 图形上第 1 个点位置捕捉

(7) 示教矩形图上的第 1 个点

单击工具栏上的 图标，弹出点位捕捉功能窗口，选择 表面点捕捉，如图 4-36 所示。或者直接在电脑键盘上按下"Ctrl+Shift"组合键，将光标移动到要示教的位置点上并单击鼠标左键，机器人的 TCP 将自动移至此点；此处添加直线动作指令"L P [ ] 100mm/sec FINE"，记录 P [3] 点，如图 4-37 所示。

(8) 示教矩形图上的其余点

添加线性运动指令记录矩形的第一个点，然后其他各点依次执行此操作并全部记录，如图 4-38 所示。

 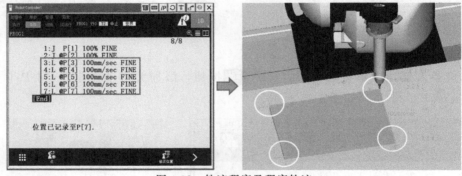

图 4-38 轨迹程序及程序轨迹

(9) 添加逃离点

记录完矩形边框所有示教点后，需要再添加一个逃离点"L P [ ] 100mm/sec FINE"，记录为 P [8] 点，如图 4-39 所示。

(10) 设置返回 HOME 点

移动机器人至 HOME 位置，单击 按钮，添加关节动作指令"J P [ ] 100% FINE"，记录为 P [9] 点，如图 4-40 所示。

(11) 试运行程序

将虚拟 TP 界面的光标放在程序的第 1 行，先单击 SHIFT 键，然后单击 FWD 键执行程序，如图 4-41 所示。

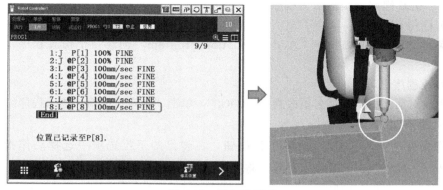

图 4-39 添加逃离点

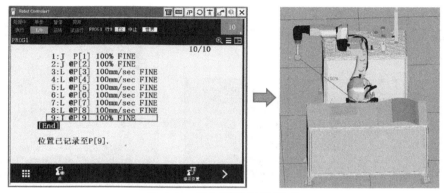

图 4-40 添加返回 HOME 点

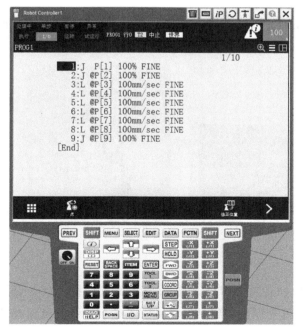

图 4-41 运行程序的操作　　　　图 4-42 创建仿真程序

步骤9 仿真程序编辑器编写程序

（1）创建仿真程序

执行菜单命令"Teach"→"Add Simulation Program"创建一个仿真程序，如图4-42所示。

（2）修改程序名称

在弹出的对话框中将程序名更改为"PROG2"，单击"确定"按钮，进入程序编辑界面。

（3）设置HOME点

在程序编程界面，单击 Record 的下拉按钮，在弹出的下拉选项中选择动作指令的类型"J P [ ] 100% FINE"，记录第1个点，将第1个点设置为HOME点。

在"J P [1] 100% FINE"运动指令中选择"joint"（关节坐标），将J5轴设置为−90，其他轴均设置为0，此时HOME点已被更新至P [1]，如图4-43所示。

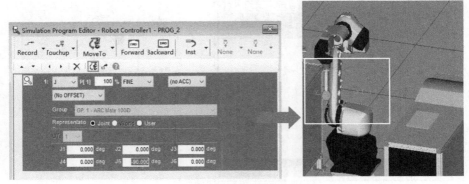

图4-43 修改动作指令

（4）设置接近点

移动机器人到达矩形位置上方，添加关节动作指令"J P [ ] 100% FINE"，记录P [2]点，如图4-44所示。

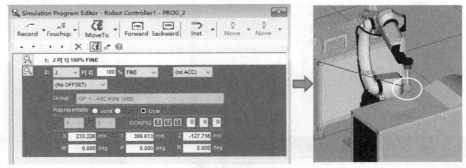

图4-44 设置接近点

（5）示教矩形图上的第1个点

单击工具栏上的 图标，弹出点位捕捉功能窗口，选择 表面点捕捉。或者直接在电脑键盘上按下"Ctrl+Shift"组合键，将光标移动到要示教的位置点上并单击鼠标左键，机器人的TCP将自动移至此点；此处添加直线动作指令"L P [ ] 2000mm/sec FINE"，记录P [3] 点，如图4-45所示。

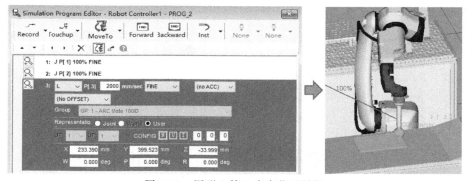

图 4-45　图形上第 1 个点位置捕捉

（6）示教矩形图上的其余点

添加线性运动指令记录矩形的第一个点后，其他各点依次执行此操作并全部记录，如图 4-46 所示。

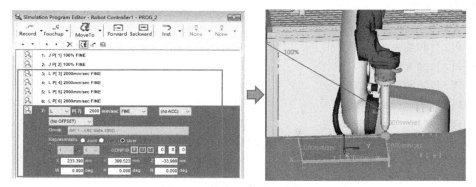

图 4-46　轨迹程序及程序轨迹

（7）设置逃离点

记录完矩形边框所有示教点后，需要再添加一个逃离点"L P [ ] 2000mm/sec FINE"，记录为 P [8] 点，如图 4-47 所示。

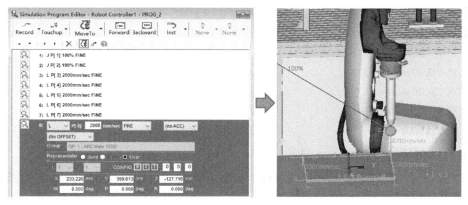

图 4-47　添加逃离点

（8）设置返回 HOME 点

移动机器人至 HOME 位置，添加关节动作指令"J P [ ] 100％ FINE"，记录为 P [9]

点，如图 4-48 所示。

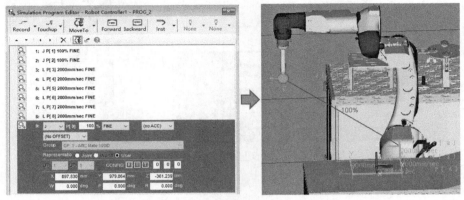

图 4-48　设置返回 HOME 点

步骤 10　参考程序及注释

(1) 虚拟 TP 示教编程主程序

```
1:J P[1]100% FINE;              //设置 HOME 点
2:J P[2]100% FINE;              //到达示教第一点上方位置
3:L P[3]100mm/sec FINE;         //到达示教第一点位置
4:L P[4]100mm/sec FINE;         //到达示教第二点位置
5:L P[5]100mm/sec FINE;         //到达示教第三点位置
6:L P[6]100mm/sec FINE;         //到达示教第四点位置
7:L P[7]100mm/sec FINE;         //回到矩形起始点位置
8:L P[8]100mm/sec FINE;         //设置逃离点
9:J P[9]100% FINE;              //回到 HOME 点位置
```

(2) 仿真程序编辑器编程主程序

```
1:J P[1]100% FINE;              //设置 HOME 点
2:J P[2]100% FINE;              //到达示教第一点上方位置
3:L P[3]100mm/sec FINE;         //到达示教第一点位置
4:L P[4]100mm/sec FINE;         //到达示教第二点位置
5:L P[5]100mm/sec FINE;         //到达示教第三点位置
6:L P[6]100mm/sec FINE;         //到达示教第四点位置
7:L P[7]100mm/sec FINE;         //回到矩形起始点位置
8:L P[8]100mm/sec FINE;         //设置逃离点
9:J P[9]100% FINE;              //回到 HOME 点位置
```

步骤 11　测试运行程序

方法一　单击工具栏中 ▶（启动运行）按钮，测试运行仿真程序，如图 4-49 所示。

图 4-49　启动运行程序

方法二　执行菜单命令"Test-Run"→"Run Panel"，弹出运行面板窗口，单击 Run 按钮，测试运行仿真程序，如图 4-50 所示。

方法三　单击工具栏图标，弹出运行面板窗口，单击 Run 按钮，测试运行仿真程序，如图 4-51 所示。

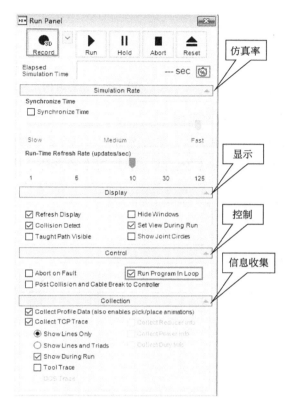

图 4-50　打开运行面板操作　　　　图 4-51　运行面板

① 运行面板介绍（图 4-51）：

单击 Run 按钮可运行机器人当前程序；

单击 Hold 按钮可暂停运行；

单击 Abort 按钮可停止运行；

单击 Reset 按钮可消除运行时出现的报警。

② 在控制面板中勾选"Run Program In Loop"，可循环执行程序。

③ 执行菜单命令"Test-Run"（测试运行）→"Profiler"（分析），打开测试运行属性界面，可查看程序运行简况，如图 4-52 所示。

④ 查看程序运行时的相关参数。图 4-53 所示的两个界面，可获悉程序的运行时间、每条指令的执行时间。

注：Total Time（合计时间）；Motion Time（动作时间）；Application Time（应用程序）；Delay Time（延迟时间）；Wait Time（待机时间）。

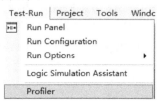

图 4-52　打开测试运行属性界面路径

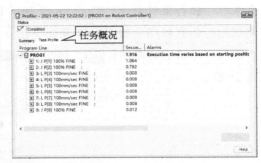

图 4-53　运行时间及每条指令执行时间

步骤 12　视频录制

打开运行控制面板，单击 按钮可以开始录制视频，单击旁边下拉箭头可以选择"AVI Record"和"3D Player Record"录制，该任务选择"3D Player Record"录制，如图 4-54 所示。

视频录制

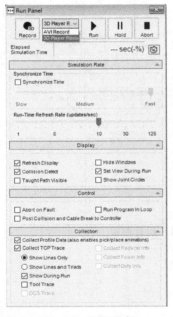

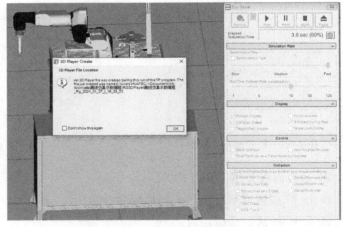

图 4-54　视频录制　　　　　图 4-55　视频录制存放路径

（1）显示视频所在位置

视频录制完成后，窗口中会自动弹出视频存放的位置：C：/Users/HUATEC-1/Documents/My Workcells/离线仿真示教编程/RG3DPlayer/离线仿真示教编程，如图 4-55 所示。

（2）查找视频所在位置

根据视频文件存放的路径，即可找到所录制的视频文件的位置，如图 4-56 所示。

图 4-56　视频文件存放路径

步骤 13　保存工作站

（1）工作站的保存方法

单击菜单栏上的保存 按钮，即可保存整个工作站，如图 4-57 所示。

保存工作站

图 4-57　保存工作站

（2）工作站存储路径

工作站的默认存放路径 C：/Users/HUATEC-1/Documents/My Workcells/离线仿真示教编程，如图 4-58 所示。

图 4-58　工作站存放路径

（3）工作站所有文件信息

打开离线仿真示教编程，可以查看工作站所有的文件内容，单击最下方的"离线仿真示教编程"文件，即可打开工作站，查看工作站所有信息内容，如图 4-59 所示。

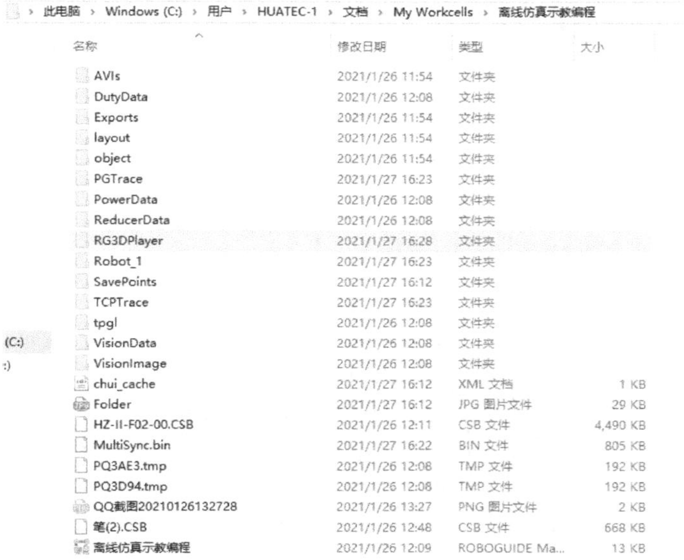

图 4-59　工作站文件信息

至此，离线仿真示教编程完成。该任务参考评分标准见表 4-5。

表 4-5 参考评分表

序号	考核内容（技术要求）	配分	评分标准	得分情况	指导教师评价说明
1	机器人工程文件创建	10 分	仿真模块选择(5 分) 机器人选择(5 分)		
2	Eoat 的创建与设置	10 分			
3	TCP 设置	5 分			
4	Part 的创建与设置	20 分			
5	Fixture 的创建与设置	25 分	模型创建(15 分) 关联工件(10 分)		
6	创建仿真程序	20 分	TP 程序创建(10 分) 仿真程序编辑器创建(10 分)		
7	录制视频	5 分			
8	保存工作站	5 分			

任务总结

本任务通过一个简单离线仿真工作站的构建，以及对虚拟 TP 和仿真程序编辑器两种示教编程方法编写矩形工件的轨迹程序、试运行、保存工作站、视频录制等相关知识的讲解，让初学者掌握简单仿真工作站构建过程中的模型导入方法、工具和用户坐标系的设置方法、虚拟程序的编写方法、视频动画的录制方法、保存工作站的方法等。

学后测评

如图 4-60 所示，在 ROBOGUIDE 软件中建立一个虚拟的工作站。工作站中选用 FANUC M-10iD/12 机器人，工作台和工件需放在工作站中合适的位置，使机器人能在规定的范围内实现轨迹点示教动作，利用虚拟示教器和仿真程序编辑器两种方法完成轨迹程序编写、仿真运行、视频录制和工作站文件信息打包。通过本任务的学习并结合该练习，读者可对虚拟示教器和仿真程序编辑器程序编辑有基本的认识。

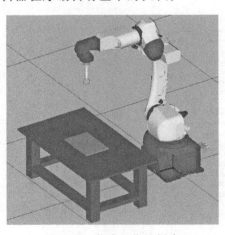

图 4-60 仿真工作站创建

任务五
程序修正及导出运行

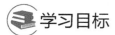学习目标

知识目标：
1. 掌握 ROBOGUIDE 软件校准程序的创建；
2. 掌握离线编程与仿真程序的导出方法；
3. 掌握程序校准功能的使用方法。

技能目标：
1. 能够对机器人运动轨迹进行完善和调整；
2. 能够将离线编程软件编写的程序导出到真实机器人工作站中运行。

任务学习

一、知识链接

在 ROBOGUIDE 虚拟环境中，模型尺寸、位置等数值的控制是一种理想状态，这也是现实世界难以到达的境界。即使仿真工作站与真实工作站相似度很高，也无法避免由于现场安装精度等原因引起的误差，这就会导致机器人与其他各部分间的相对位置在仿真和真实情境下有所不同，也就造成了离线程序的轨迹在实际现场运行时会发生位置偏差。虽然重新标定真实机器人的用户坐标系可解决这一问题，但是会影响机器人本身其他程序的正常使用。

程序的校准修正是 ROBOGUIDE 解决这种问题的有效手段，它的作用机理是在不改变坐标系的情况下，直接计算出虚拟模型与真实物体的偏移量（以机器人世界坐标系为基准），将离线程序的每个记录点的位置进行自动偏移以适应真实的现场。在对程序进行偏移的同时，相对应的模型也会跟随程序一同偏移，此时真实环境与仿真环境中机器人与目标物体的相对位置是一致的。

Calibration 校准功能是通过在仿真软件中示教 3 个点（不在同一直线上），以及在实际环境里示教同样位置的 3 个点，生成偏移数据。ROBOGUIDE 通过计算实际与仿真的偏移量，自动对程序和目标模型进行位置修改，校准功能窗口如图 5-1 所示。

总体流程如下：
① Teach in 3D World（在三维软件中示教程序）。
② Copy & Touch-Up in Real World（将程序复制到机器人上并修正其位置点）。
③ Calibrate from Touch-Up（校准修正程序）。

1. 文件存储管理

FANUC 工业机器人系统分为内部存储和外部存储两部分，扩展外部存储时可在 R-30iB 控制柜上使用 MC 存储卡，而 Mate 控制柜只能在 USB 接口上插入 USB 存储设备以扩展存储空间，实现程序备份等功能。不同的文件类型存储在不同的存储装置中，见表 5-1。

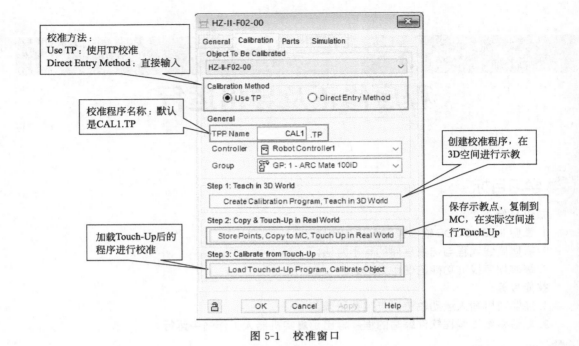

图 5-1 校准窗口

表 5-1 文件存储装置

名称	作用
FROM 盘(FR:)	存储系统软件,勿在此保存任何文件,可在无电池情况下保存信息
备份(FRA:)	自动备份文件存储区,可在无电池情况下保存信息
RAM 盘(RD:)	特殊功能存储区域,勿使用
存储设备(MD:)	内部存储设备,用于存储 TP 及 KAREL 程序,保存用户程序、变量以及诊断数据
控制台(CONS:)	维修专用设备存储区
USB 盘(UD1:)	连接在 Mate 控制柜上的外部 USB 存储设备
TP 上的 USB(UT1:)	连接在示教器上的外部 USB 存储设备
FTP(C1:~C8:)	FTP 服务器文件读写存储区,只有设置了 FTP 客户机后才显示

2. 文件类型

不同的文件类型保存不同的数据内容,具体见表 5-2。

表 5-2 文件类型及其作用

文件类型	后缀名	作用
程序文件	*.TP	记录工业机器人动作控制指令及程序指令的文件
	*.PC	KAREL 语言编写的工业机器人执行程序文件
标准指令文件	*.DF	存储分配给 F1~F5 按键的标准指令语句
系统文件	*.SV	存储系统参数文件,系统文件无法删除。常见数据文档如下 SYSVARS.SV:存储参考位置、关节运动范围等系统变量 SYSFRAME.SV:存储坐标系设定 SYSSERVO.SV:存储私服参数 SYSMAST.SV:存储零点标定数据 SYSMACRO.SV:存储宏指令

续表

文件类型	后缀名	作用
I/O 数据文件	*.IO	存储 I/O 分配的数据文件
数据文件	*.VR	存储各种寄存器的数据文件。常见数据文件如下 NUMREG.VR:存储数值寄存器的数据 POSREG.VR:存储位置寄存器的数据 STRREG.VR:存储字符串寄存器的数据 PALREG.VR:存储码垛寄存器的数据
ASCLL 文件	*.LS	ASCII 格式文件,包括 KAREL 列表和错误日志文件,该文件格式可在 TP 示教器中直接查看

二、任务描述

将任务四中"离线仿真示教编程"工作站编写的程序修正导出到真实机器人中运行,在不改变坐标系的情况下,通过软件中的校准修正功能自动计算出虚拟模型与真实物体的偏移量,将离线程序的每个记录点的位置进行自动偏移来适应真实的现场,从而达到仿真环境中编写的程序在真实环境中能够直接运行的目的。

程序修正及导出运行

三、关键设备

安装 ROBOGUIDE 软件的电脑一台。

四、工作站的创建与仿真动画

任务实施

步骤 1 ROBOGUIDE 中编写离线仿真程序

打开任务四"离线仿真示教编程"工作站,采用虚拟示教器编写程序,并将程序名称设置为"CHANG"。

创建仿真程序

步骤 2 校准程序

(1) 创建校准程序

双击工作站中创建的"Fixture"模型,在弹出的属性设置窗口中选择"Calibration"(校准)选项卡,如图 5-1 所示,单击"Step1. Teach in 3D World"按钮;在弹出的窗口中,单击"OK"按钮确认;在弹出的窗口中,单击"确定",自动生成校准程序"CAL*****.TP",如图 5-2 所示。

程序的校准

(2) 设置校准仿真程序位置点

在弹出的虚拟示教器对话框中采用程序中调用的"工具坐标系 1"和"用户坐标系 0"示教指令中的三个位置点。

注:三点不能在同一条直线上(这里将其设置成轨迹台上平面部分的三个点),如图 5-3 所示。

(3) 备份校准程序

双击"工作台",进入属性设置界面,选择"Calibration"选项卡,单击"Step2:Copy & Tou-

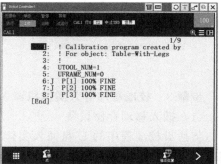

图 5-2 CAL1.TP 校准程序

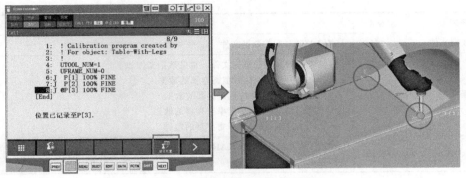

图 5-3　仿真中示教 3 个位置点

ch-Up in Real World”按钮，自动将校准程序备份到对应文件夹里，单击“确定”，如图 5-4 所示。

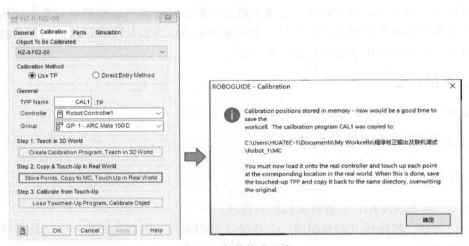

图 5-4　备份校准程序

校准程序导入实体机器人

(4) 导出校准程序

使用移动存储设备（U 盘）将校准程序“CAL*****. TP”在对应的文件夹中拷贝，下载到机器人上，如图 5-5 所示。

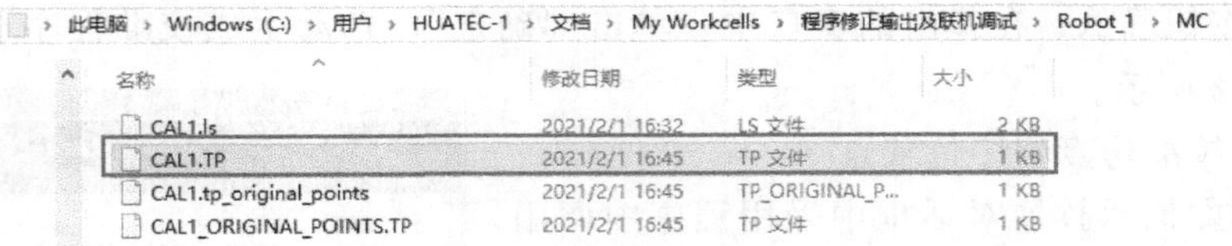

图 5-5　备份的程序

步骤 3　校准程序导入实体机器人

(1) 插入移动存储设备

将拷贝校准程序的 U 盘插入实体工业机器人 TP 示教器上或者控制柜上，本任务插入在 TP 上。

(2) 切换设备

依次单击"MENU"键→"7 文件"→"1 文件"→"F5 工具"→"1 切换设备"→选择"7 TP 上的 USB（UT1：）"，切换至 U 盘目录下，如图 5-6 所示。

（3）导入/加载程序

在上述页面下选择所要导入的文件类型，然后选择所要导入的校准程序"CAL1"，按下"F3 加载"并选择"F4 是"或"覆盖"，将校准程序导入到实体机器人中。

（4）修正位置点

在真实的机器人上设置同一个工具坐标系号和用

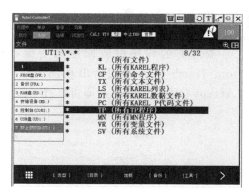

图 5-6　切换设备

户坐标系号，并在实际环境中相同的三个位置上分别示教更新三个特征点的位置，如图 5-7 所示。

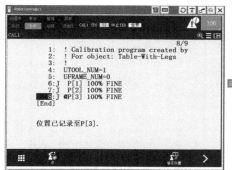 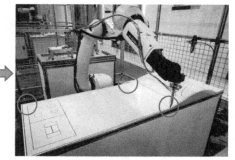

图 5-7　示教三个特征点

步骤 4　导出修正的校准程序

（1）切换设备

依次单击"MENU"键→"7 文件"→"1 文件"→"F5 工具"→"1 切换设备"→选择"7　TP 上的 USB（UT1：）"，切换至 U 盘目录下。

（2）备份程序

在上述页面下单击"F4 备份"实机校准程序，选择备份程序文件，校准的程序是 TP 文件类型，选择"2TP 程序"，在示教器下方会显示示教器中包含的所有 TP 程序，找到需要的校准程序"CAL1"，单击"F4 是"或"F3 覆盖"，覆盖校准程序，如图 5-8 所示。

导出修正的校准程序

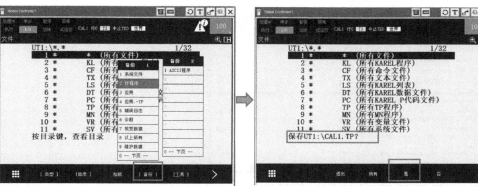

图 5-8　导出实机校准程序的操作

步骤5　替换离线编程软件 CAL1 程序

(1) 覆盖 CAL 程序

修正好的程序再放回原来所保存的文件夹中（直接覆盖），单击"Step3：Calibrate from Touch-Up"按钮后出现图 5-9 所示界面，界面中的数据即所生成的偏移量，单击"Accept Offset"按钮，即可选择需要偏移的程序。

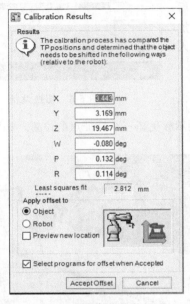
图 5-9　程序偏移数据

图 5-10　选择偏移的程序

(2) 选择偏移程序

在图 5-10 所示窗口中勾选需要偏移的仿真程序，以创建的程序"CHANG"为例，选择该程序，单击"OK"按钮进行偏移。会发现三维视图中的 Fixture 模型与程序关键点同时发生了偏移。

(3) 保存工作站

程序偏移完成后，需保存工作站，当前偏移的程序才会保存在相应的文件夹中。

步骤6　将偏移的程序导入到实机

(1) 备份偏移后的程序

保存工作站后，在保存的工作站文件包下，直接搜索程序"CHANG"，会显示所有关于 CHANG 的程序文件，找到修改时间和保存工作站时间最接近的偏移程序，如图 5-11 所示，将程序备份到 U 盘。

图 5-11　备份偏移程序

（2）导入偏移程序到实体机器人

将程序"CHANG"从 PC 导出并上传到真实的机器人中，即可直接运行程序，如图 5-12 所示。

注：所创建的工件是三维物体，工件的厚度会影响程序在实际工作站中运行时产生的高度误差，笔型工具到工作台表面有一定的距离，如图 5-13 所示。可测量笔型工具到工作台表面的距离，返回软件中，单击"Step3：Calibrate from Touch-Up"，弹出校准结果窗口，修改 Z 值，输入实际测量的数值，如图 5-14 所示，将偏移的程序导出上传到真实的机器人中，即可运行程序。

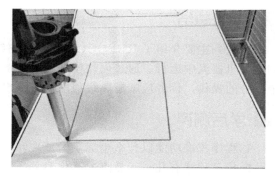

图 5-12 实机运行程序

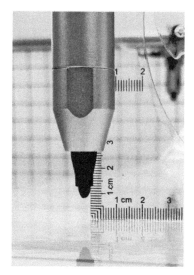

图 5-13 测量位置工作站

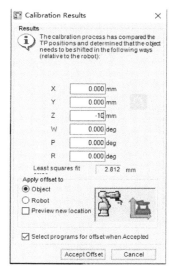

图 5-14 修正位置

至此，程序修正及导出运行完成。该任务参考评分标准见表 5-3。

表 5-3 参考评分表

序号	考核内容（技术要求）	配分	评分标准	得分情况	指导教师评价说明
1	创建校准程序	20 分	程序的创建(10 分) 程序的示教(10 分)		
2	导入导出校准程序	20 分	导入校准程序(10 分) 导出校准程序(10 分)		
3	实机修正校准程序	20 分			
4	设置偏移程序	20 分	误差计算(10 分) 程序偏移(10 分)		
5	程序运行	20 分			

任务总结

本任务主要介绍了 ROBOGUIDE 软件离线程序导出功能，将软件编写的离线程序导出到真实机器人中运行。通过创建校准程序、备份校准程序、导入校准程序、验证校准程序 4 个部分的操作，读者应掌握离线程序修正输出及联机调试方法。

学后测评

1. 程序校准功能以什么坐标系为基准？
2. 校正程序有几个示教点？其位置关系有何要求？
3. 程序修正的作用原理是什么？

模块二
能力提升篇

任务六
工件抓取和放置离线仿真

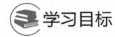 学习目标

知识目标：
1. 了解 Fixture 和 Part 的作用及意义；
2. 熟悉 Fixture 和 Part 模型自身的属性设置。

技能目标：
1. 能够在所创建的仿真工作站中设置工具坐标系；
2. 能够完成仿真程序的创建，并能测试运行仿真程序，录制仿真运行动画。

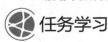 任务学习

一、知识链接

1. ROBOGUIDE 搬运仿真技术认知

机器人搬运的仿真是 ROBOGUIDE 中 HandlingPRO 模块的典型应用，仿真工作站中的工件模型可以被工具抓取、搬运和放置。在进行仿真操作之前，需要对 ROBOGUIDE 搬运仿真的机制有一个简单的了解。在仿真的整个过程中，物料 Part 一共出现在 3 个位置（抓取位置、摆放位置和夹爪工具上），但是物料 Part 这种模型并不能发生实际的位置改变（操作者手动调节除外），所以并不是抓取位置的模型最终到达了摆放位置。ROBOGUIDE 采用的是模型的隐藏与再现技术，达到了模型"转移"的目的。在物料出现的所有位置都要关联添加同一个 Part 模型，抓取位置物料的显示时间是在夹爪抓取之前，抓取后便自动隐藏；跟随工具运动的物料显示时间是抓取至放下的时间，其他时间段隐藏；最后摆放位置物料的显示时间是从被放下开始直到仿真过程结束，其他时间段隐藏。

物料作为被搬运的对象，要想实现被抓取、搬运和放置的效果，应满足下列几个条件。

① 搬运的对象必须是 Parts 模块下的模型，所以圆柱体物料模型应位于 Parts 模块。

② 必须关联添加到 Fixture 模型或者其他载体模型上，因为 Part 的抓取和放置都是具有目标载体的，即抓取何处的 Part，放置到何处。

③ 模型需要进行仿真方面的设置，即针对 Part 所在的载体进行仿真条件的设置，具体设置方法见【任务实施】。

2. 工具仿真技术认知

仿真工具多种多样，常见的工具有焊枪、喷枪、吸盘、夹爪、打磨工具等。由于本任务中用于仿真的工具是夹爪工具，所以在仿真过程中会涉及夹爪工具的 2 种状态：打开与闭合。在 ROBOGUIDE 中有 2 种方法可实现这 2 种状态的切换：一种是 2 个模型的替代显示，另一种是虚拟电机驱动。虚拟电机是 ROBOGUIDE 中除机器人以外的运动模组，为其他设

备进行仿真运动提供解决方案，其运动的类型包括直线运动和旋转运动，可由机器人、外部控制器进行伺服控制和 I/O 信号控制（将在后续任务中介绍）。

模型的替代显示：设置工具的打开状态调用一个固定模型，再设置工具的闭合状态调用另一个固定模型。利用软件对不同模型的隐藏和显示来模拟工具的打开与闭合。这种情况下只能利用仿真程序控制工具的动作，比如 Pickup 拾取指令，而示教器中并不存在这种指令，机器人无法通过真实的指令控制工具动作。仿真指令既能实现工具的开合动作，又可以实现工件被抓取、搬运、放置的仿真。

3. 仿真程序认知

仿真程序是由仿真程序编辑器创建的程序。与 TP 程序有所不同，仿真程序中包含一些并不存在于 TP 上的特殊指令，即虚构的仿真指令。例如，搬运的仿真效果只能通过仿真程序来实现，普通的 TP 程序无法进行此类仿真的运行。

4. 仿真指令认知

仿真指令是 ROBOGUIDE 中 HandlingPRO 模块针对搬运的仿真功能虚构出来的控制指令。运行搬运程序时，真正的控制指令无法使模型附着在工具上随之而动，也无法使模型在 Fixture 消失和重现，而仿真指令可以将这些效果在仿真程序运行的过程中展示出来。实际上可以理解为仿真指令是软件运行的指令而非机器人控制系统的指令。

① 抓取仿真指令。Pickup（拾取的目标对象"Parts"）From（目标所在的位置"Fixtures"）With（拾取所用的工具"Tooling"）。

② 放置仿真指令。Drop（放置的目标对象"Parts"）From（握持目标的工具"Tooling"）On（放置目标的位置"Fixtures"）。

二、任务描述

仿照工作现场，在 ROBOGUIDE 软件中建立一个虚拟的工作站，工作站中选用 FANUC R-2000iC/165F 搬运机器人，并编写对应的仿真程序实现仿真搬运功能，如图 6-1 所示。

图 6-1　仿真环境中的简易搬运工作站

三、关键设备

安装 ROBOGUIDE 软件的电脑一台。

四、工作站的创建与仿真动画

任务实施

步骤1 创建机器人工程文件

创建机器人工程文件,将其命名为"工件抓取和放置离线仿真",然后选择"LR Handling Tool"搬运软件工具,选用 FANUC R-2000iC/165F 机器人。

步骤2 工具(Eoat)的创建与设置

(1)打开机器人属性设置窗口

方法一 在"Cell Browser"(导航目录)窗口中,选中机器人图标,鼠标右键单击"GP:1-R-2000iC/165F",选择"GP:1-R-2000iC/165F Properties"(机器人属性),打开属性设置窗口,如图 6-2 所示。

方法二 直接双击视图窗口中的机器人模组,打开属性设置窗口。

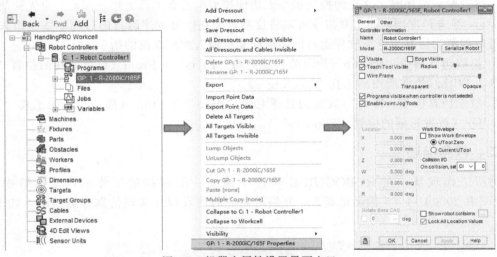

图 6-2 机器人属性设置界面入口

(2)机器人属性设置

在弹出的机器人属性设置窗口中选择"General"常规设置选项卡,调整机器人的显示状态和位置,设置完成后,勾选"Lock All Location Values"(锁定机器人模型位置)选项,单击"Apply"按钮确认,如图 6-3 所示。

注:勾选"Lock All Location Values"选项,机器人的坐标变为红色,机器人位置不能调整,这样可以避免误操作移动机器人。

(3)打开工具模型属性设置窗口

在"Cell Browser"(导航目录)窗口中,选中 1 号工具"UT:1",鼠标右键单击"Eoat1 Properties"(机械手末端工具 1 属性),或者直接双击"UT:1",打开属性设置窗口,如图 6-4 所示。

(4)选择工具模型

在弹出的工具属性设置窗口中选择"General"常规设置选项卡,单击"CAD File"右侧的第 2 个按钮,从软件自带的模型库里选择所需的工具模型,如图 6-5 所示。

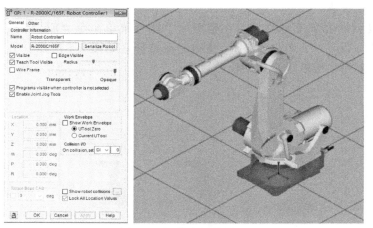

图 6-3　机器人属性设置

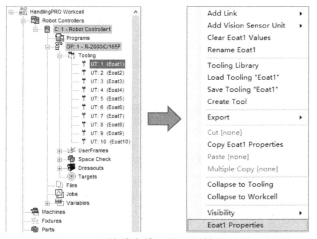

图 6-4　机械手末端工具 1 属性设置入口

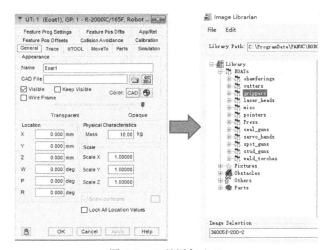

图 6-5　工具添加入口

(5) 添加夹爪工具

本任务中以添加夹爪工具为例,在模型库中执行菜单命令"EOATs"→"grippers",选择夹爪"36005f-200-2",单击"OK"按钮完成选择,如图6-6所示。另外,夹爪工具可根据工件的形状利用三维软件自定义设计后添加。

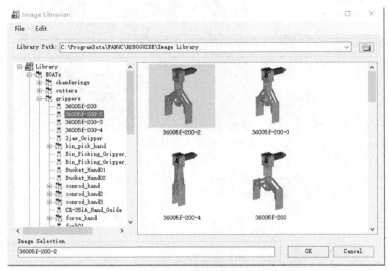

图 6-6 夹爪型号

(6) 夹爪属性设置

上述操作完成后,三维视图中并没有显示出夹爪的模型,此时单击"Apply"按钮确认,夹爪添加到机器人末端,如图6-7所示,添加的夹爪工具的尺寸和姿态显然不正确。应在当前的属性设置窗口中修改夹爪的位置数据:"W"设置为-90,即使其沿 X 轴顺时针旋转-90°;"Scale X、Scale Y、Scale Z"设置为0.5,即每个轴上的尺寸大小都设为0.5倍,这样夹爪就能正确安装在机器人法兰盘上,如图6-8所示。

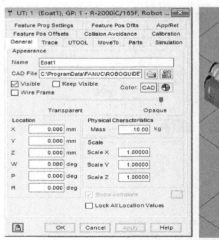 

图 6-7 添加的夹爪工具

任务六 工件抓取和放置离线仿真

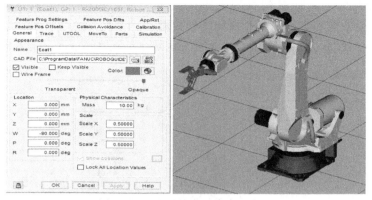

图 6-8 调整后的夹爪姿态及大小

（7）夹爪工具仿真设置

在已添加的打开状态的夹爪工具模型属性设置窗口中，选择"Simulation"（仿真）选项卡，在"Function"（功能）选项里，选择"Material Handling-Clamp"（夹爪夹紧）选项，如图 6-9 所示。

注：在仿真时经常需要模拟焊枪或者手爪的打开和闭合，在实现这个功能之前，必须事先准备好两把相同的焊枪或手爪，通过软件将其中一把夹爪设置为闭合状态，另一把夹爪设置为打开状态（夹爪打开和闭合工具调入无先后顺序）。

（8）添加夹爪闭合工具

单击"Actuated CAD"右侧的第 2 个按钮，从软件自带的模型库里选择所需的工具模型"36005f-200-3"，加载关闭状态的工具模型，单击"Apply"按钮确认，如图 6-10 所示。

图 6-9 夹爪工具仿真设置

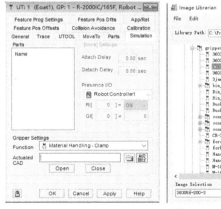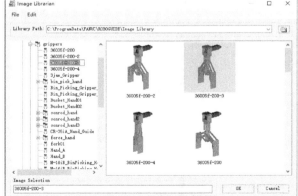

图 6-10 夹爪型号选择

（9）夹爪工具工作状态显示

夹紧状态的夹爪工具加载到机器人末端设置完成，如图 6-11 所示，即可通过单击"Open"和"Close"模拟夹爪工具打开和闭合功能。

注：除了单击"Open"和"Close"实现上述功能外也可单击工具栏的 按钮实现。

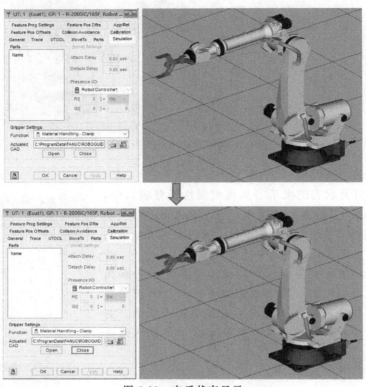

图 6-11 夹爪状态显示

TCP 设置

步骤 3 工具坐标系（TCP）的设置

（1）打开工具坐标系设置窗口

鼠标双击工具坐标系"UT：1"，弹出工具属性设置窗口，选择"UTOOL"（工具），勾选"Edit UTOOL"（编辑工具坐标系），设置工具坐标系（TCP）位置，如图 6-12 所示。

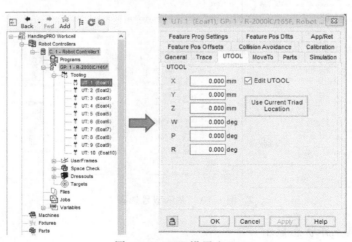

图 6-12 TCP 设置入口

(2) 工具坐标系设置方法

方法一　使用鼠标直接拖动画面中绿色工具坐标系（TCP），调整至合适位置。单击"Use Current Triad Location"（使用当前位置）按钮，软件会自动算出 TCP 的 X、Y、Z、W、P、R 值，单击"Apply"按钮确认。

方法二　直接输入工具坐标系偏移数据：X=0，Y=0，Z=420，W=0，P=0，R=0，单击"Apply"按钮确认，如图 6-13 所示。

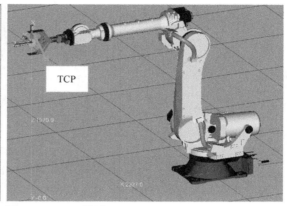

图 6-13　TCP 设置

步骤 4　工件（Part）的创建与设置

(1) 创建工件模型

添加法创建工件模型，以软件自带资源库选择工件模型：在"Cell Browser"（导航目录）窗口中，鼠标右键单击"Part"，执行菜单命令"Add Part"（添加工件）→"CAD Library"。

工件的创建与设置

绘制法创建工件模型，以软件自带三维建模功能创建工件模型。该任务以此方法创建工件模型为例，在"Cell Browser"（导航目录）窗口中，鼠标右键单击"Parts"，执行菜单命令"Add Part"（添加工件）→"Box"，创建一个立方体，如图 6-14 所示。

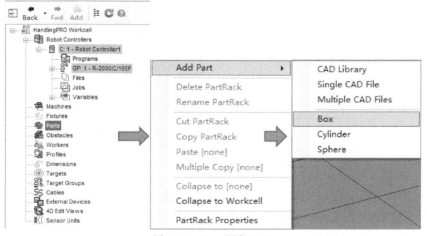

图 6-14　Part 添加入口

(2) 工件（Part）的大小属性设置

在弹出的工件（Part）属性设置窗口中，输入工件（Part）的大小参数：X＝150，Y＝150，Z＝200。设置完成后，单击"Apply"按钮确认，如图6-15所示。在此，工件模型大小参数可自定义设置。

注：Parts加入到ROBOGUIDE软件中并不能马上生效，需关联到Fixtures上才能使用。

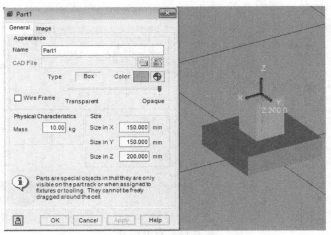

图6-15　Part大小参数设置

（3）修改工件（Part）的名称和颜色

在Part属性设置窗口，选中"Name"和"Color"选项，可以对工件的名称和颜色进行修改。此工作站中将"Part1"更改为"工件1"，颜色更改为绿色，如图6-16所示，工件名称和颜色可自定义设置。

定义工具上的Part方向

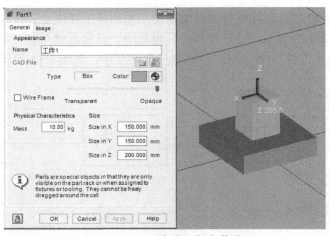

图6-16　Part名称和颜色修改

步骤5　工件（Part）与工具（Eoats）的关联设置

（1）工件（Part）与工具（Eoats）关联

在"Cell Browser"（导航目录）窗口中，鼠标双击"UT：1（Eoat1）"，打开属性设置窗口，选择"Parts"选项，在弹出的窗口中勾选"Part1"，单击"Apply"按钮确认，工件将关联至工具上，如图6-17所示。

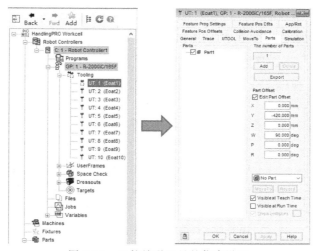

图 6-17 工件关联工具的仿真设置

（2）设置方法

方法一 勾选"Edit Part Offset"（编辑 Part 偏移位置），编辑工具上"Part1"的位置和方向，使用鼠标直接拖动视图窗口中"Part"上的绿色坐标系，调整至合适位置，单击"Apply"按钮确认。

方法二 直接输入偏移数据：X=0，Y=−420，Z=0，W=−90，P=0，R=0，输入完成后单击"Apply"按钮确认，如图 6-18 所示。

注：输入数据可根据实际情况作相应调整。

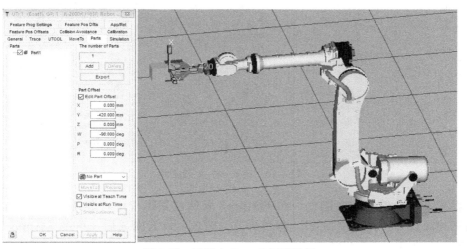

工装的创建与设置

图 6-18 工具上 Part 坐标系设置

步骤 6 工装（Fixture）的创建与设置

（1）创建抓取位置的 Fixture

① 绘制模型：执行菜单命令"Cell Browser"（导航目录）→ "Fixtures"（工装）→ "Add Fixture"（添加工装）→ "Box"（立方体），如图 6-19 所示，其工装台可自定义选择模型。

② 设置工装台的大小参数：在视图中机器人模型的正上方出现一个立方体模型。在弹

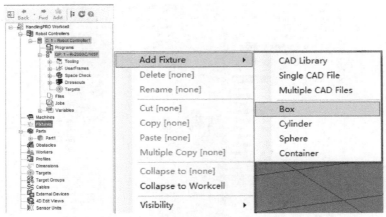

图 6-19　抓取位工装创建入口界面

出的 Fixture1 模型属性设置窗口的"General"选项卡下，设置工装台的大小，输入"Size"的 3 个数值，将对应的尺寸参数设置为"X＝1000，Y＝1000，Z＝500"，默认单位为 mm。工装台大小参数可自定义设置，设置完成后，单击"Apply"按钮确认，如图 6-20 所示。

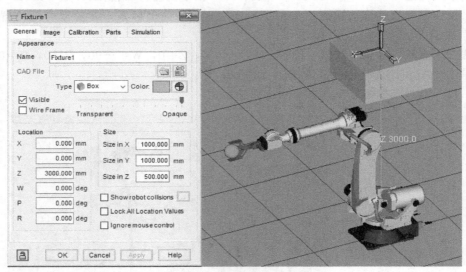

图 6-20　Fixture1 大小设置

③ 设置工装台的名称及颜色：在 Fixture1 属性设置窗口中，选择"Name"和"Color"，将名称更改为"抓取位工装"，颜色更改为蓝色，设置完成后，单击"Apply"按钮确认，如图 6-21 所示。

④ 设置 Fixture1 的位置：

方法一　使用鼠标直接拖动视图中 Fixture1 模型上的绿色坐标系，调整至合适位置，单击"Apply"按钮确认。

方法二　在 Fixture1 模型属性界面的位置数据中直接输入数据：X＝1500，Y＝0，Z＝500，W＝315，P＝0，R＝0。位置数据可自定义输入，将其工装台位置调整至合适位置即可。设置完成后，单击"Apply"按钮确认，如图 6-22 所示。

⑤ 锁定工装台的位置：勾选"Lock All Location Values"选项，单击"Apply"按钮确

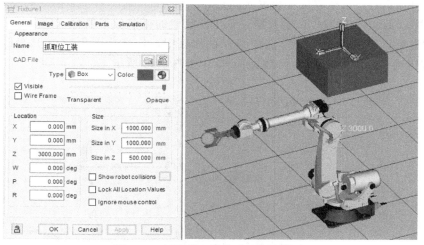

图 6-21 抓取位工装名称和颜色修改

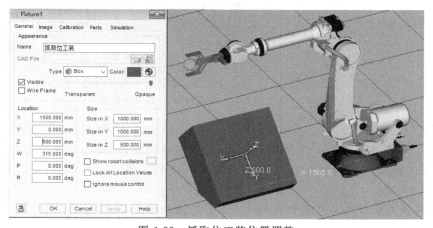

图 6-22 抓取位工装位置调整

认,锁定工作台的位置,避免误操作使工作台发生移动。此时,完成"Pick Fixture"的创建,如图 6-23 所示。

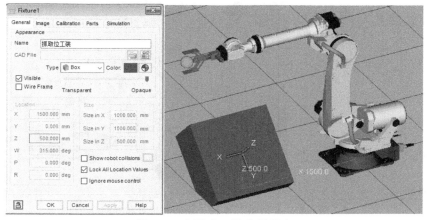

图 6-23 抓取位工装位置锁定

(2) 工件 (Part) 与抓取位工装关联设置

① 工件 (Part) 与抓取位工装关联：双击已创建的抓取位工装台 (Fixture1) 模型，打开其属性设置窗口，单击"Parts"选项卡，在列表中，勾选之前创建的 Part1 模型，单击"Apply"按钮确认，在 Fixture1 上出现 Part1，如图 6-24 所示。

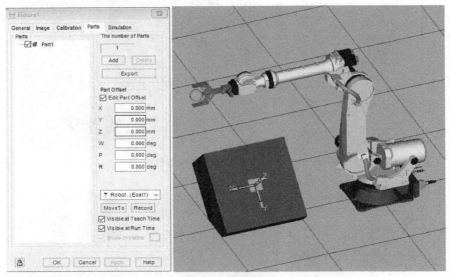

图 6-24　工件 (Part) 与抓取位工装关联设置

② 调整工件 (Part1) 位于抓取位工装 (Fixture1) 的位置和方向：在抓取位工装属性设置窗口中，勾选"Edit Part Offset"（编辑 Part 偏移位置），输入工件位置补偿数据 Z=200，将工件位置和方向调整至合适位置，设置完成后，单击"Apply"按钮确认，如图 6-25 所示。

注：抓取位工装上的工件坐标系的 X、Y、Z 方向要和工具上的工件坐标系的 X、Y、Z 方向一致。

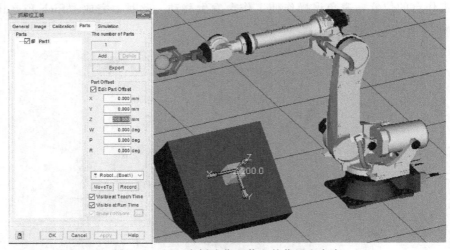

图 6-25　Part 在抓取位工装上的位置和方向

③ 设置工件（Part）的仿真参数：在"Cell Browser"（导航目录）窗口中，鼠标双击抓取位工装（Fixture）。在弹出的属性设置窗口中，选择"Simulation"（仿真）选项卡，勾选"Allow part to be picked"（允许工件被抓取），说明这个"Fixture"是用于放置抓取的工件（Part）。修改"Creat Delay"（新建延迟）时间为 9999.00，表明"Part"被抓取 9999.00s 后，该"Fixture"上会生成一个新的"Part"。设置完成后，单击"Apply"按钮确认，如图 6-26 所示。

④ 快速拾取 Part1：在抓取位工装（Fixture）属性设置窗口中，选择"Parts"选项卡，单击"MoveTo"按钮，可以看到机器人夹爪精确地移动到物料的位置上，如图 6-27 所示。

（3）创建摆放位置的 Fixture

① 绘制模型：执行菜单命令"Cell Browser"（导航目录）→"Fixtures"（工装）→"Add Fixture"（添加工装）→"Cylinder"（圆柱体），如图 6-28 所示。

图 6-26 仿真条件的设置

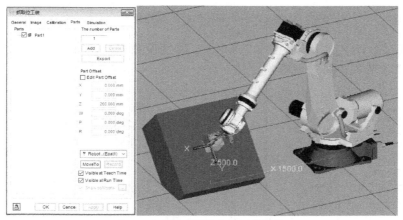

图 6-27 夹爪到抓取位置的操作

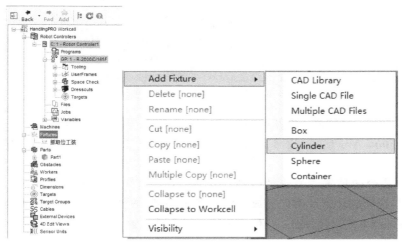

图 6-28 摆放位工装添加入口界面

② 设置工装台的大小参数：在视图中机器人模型的正上方出现一个圆柱体模型，在弹出的 Fixture1 模型属性设置窗口的"General"常规设置选项卡下，设置工装台的大小，输入"Size"的 2 个参数数据：Diameter＝1000，Length＝600，设置完成后，单击"Apply"按钮确认，如图 6-29 所示。

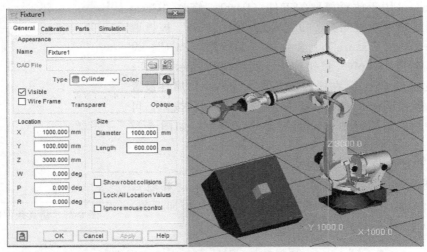

图 6-29　Fixture1 大小参数设置

③ 设置工装台的名称及颜色：在 Fixture1 属性设置窗口，将名称更改为"摆放位工装"，颜色更改为蓝色，如图 6-30 所示。

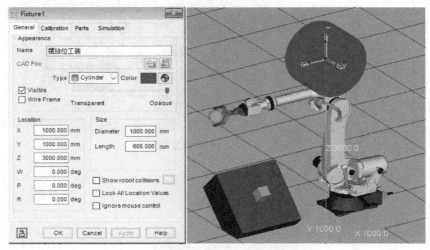

图 6-30　摆放位工装名称和颜色设置

④ 设置 Fixture 的位置：在摆放位工装（Fixture1）模型属性界面的位置数据中直接输入数据：X＝1500，Y＝1500，Z＝300，W＝90，P＝0，R＝0，单击"Apply"按钮确认，如图 6-31 所示。

⑤ 锁定工装台的位置：勾选"Lock All Location Values"选项，锁定工装台的位置，单击"Apply"按钮确认。此时已完成"Drop Fixture"的创建，如图 6-32 所示。

（4）工件（Part1）与摆放位工装（Fixture）关联设置

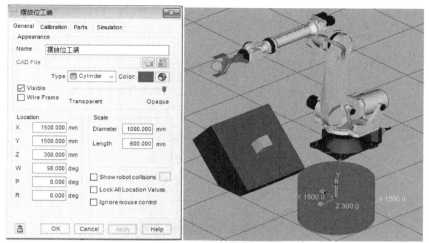

图 6-31　摆放位工装位置调整

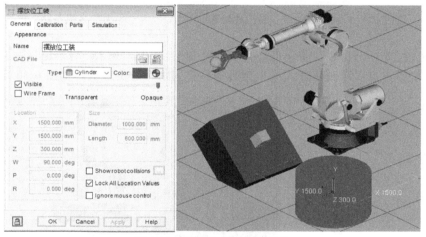

图 6-32　摆放位工装位置锁定

① 双击摆放位工装台 Fixture 模型，打开其属性设置窗口，单击"Parts"选项卡。在列表中，勾选之前创建的"Part1"模型，单击"Apply"按钮确认，在摆放位工装（Fixture）上出现工件（Part1）。勾选"Edit Part Offset"（编辑 Part 偏移位置），输入工件位置补偿数据：X=0，Y=500，Z=0，W=－90，P=0，R=0，将其工件位置和方向调整至合适位置，设置完成后，单击"Apply"按钮确认，如图 6-33 所示。

注：摆放工装上的工件坐标系的 X、Y、Z 方向要和工具上的工件坐标系的 X、Y、Z 方向一致。

② 设置工件（Part）的仿真参数：在"Cell Browser"（导航目录）窗口中，鼠标双击摆放位工装（Fixture），弹出摆放位工装的属性设置窗口，选择"Simulation"（仿真）选项卡，勾选"Allow part to be placed"（允许工件被放置），说明这个"Fixture"是用于放置摆放的工件（Part）。修改"Destroy Delay"（消失延迟）时间为 9999.00，表明"Part"被放置 9999.00s 后，该"Fixture"上会生成一个新的 Part。单击"Apply"按钮确认，如图 6-34 所示。

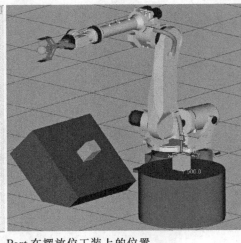

图 6-33 Part 在摆放位工装上的位置

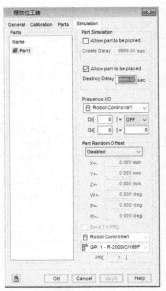

图 6-34 仿真条件的设置

③ 快速放置 Part：在"Fixture"属性设置窗口中，选择"Parts"选项卡，单击"MoveTo"按钮，可以看到机器人夹爪精确地移动到物料的位置上，如图 6-35 所示。

虚拟TP示教编程

仿真程序编辑器的示教编程

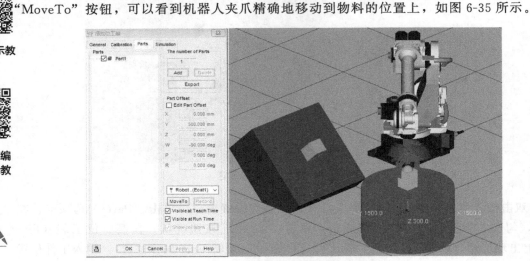

图 6-35 夹爪到摆放位置的操作

④ 在摆放位工装台属性设置窗口中，取消勾选"Visible at Teach Time"和"Visible at Run Time"可以隐藏摆放工装上的工件和运行时间，如图 6-36 所示。

步骤 7　创建工件抓取和放置仿真程序

（1）创建仿真程序

执行菜单命令"Teach"→"Add Simulation Program"，创建一个仿真程序，如图 6-37 所示。

（2）修改程序名称

在弹出的对话框中修改程序名为"PROG2"，单击"确定"，进入程序编辑界面。

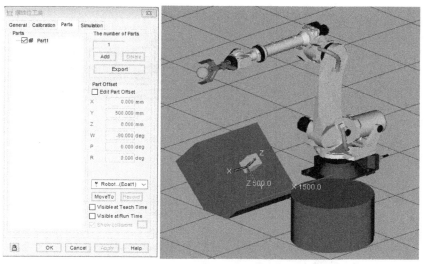

图 6-36　摆放位工件和运行时间的隐藏设置

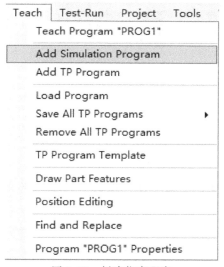

图 6-37　创建仿真程序

图 6-38　添加动作指令

(3) 设置 HOME 点位置

在程序编辑界面，单击 Record 的下拉按钮，在弹出的下拉选项中选择动作指令的类型"J P [] 100% FINE"，记录第 1 个点，将第 1 个点设置为 HOME 点，如图 6-38 所示。

在"J P [1] 100% FINE"运动指令中选择"joint"（关节坐标），将 J5 轴设置为 −90，其他轴均设置为 0，此时 HOME 点已被更新至 P [1]，如图 6-39 所示。

(4) 添加抓取点上方安全点位置

移动机器人到达抓取点位置上方，添加关节动作指令"J P [] 100% FINE"，记录 P [2] 点。

(5) 添加抓取点位置

移动机器人到达抓取点位置，添加直线动作指令"L P [] 2000mm/sec FINE"，记录 P [3] 点，如图 6-40 所示。

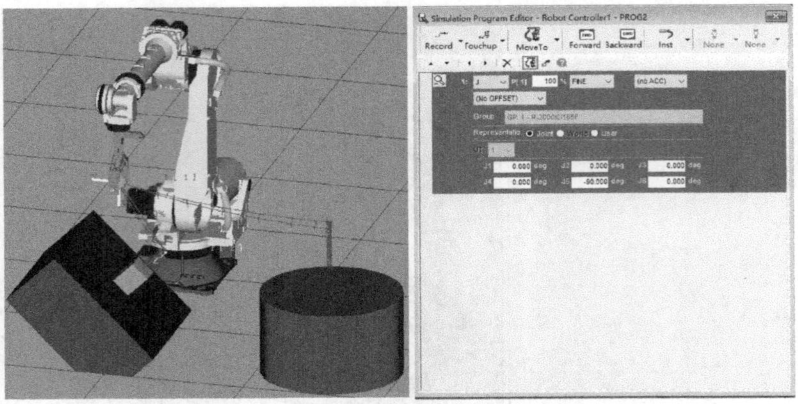

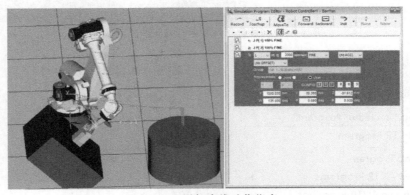

图 6-39　修改动作指令

图 6-40　添加直线动作指令

（6）添加抓取指令

在仿真程序编辑器的菜单栏，选中"Inst"选项，单击"▼"图标，在弹出的菜单栏中，添加抓取指令"Pickup"，如图 6-41 所示。

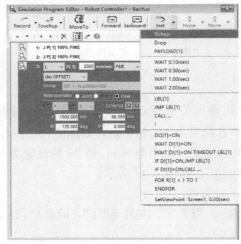

图 6-41　添加抓取指令

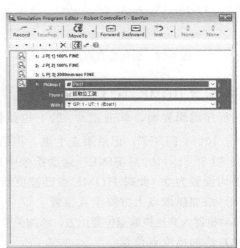

图 6-42　设置抓取指令

(7) 设置抓取指令

在"Pickup"下拉菜单栏中选择"Part1",在"From"下拉菜单栏中选择"抓取位工装",在"With"下拉菜单栏中选择"GP:1-UT:1(Eoat1)",如图 6-42 所示。

(8) 添加延时指令

在仿真程序编辑器的菜单栏,选中"Inst"选项,单击"▼"图标,在弹出的菜单栏中,添加延时指令 WAIT 1.00(sec),如图 6-43 所示。

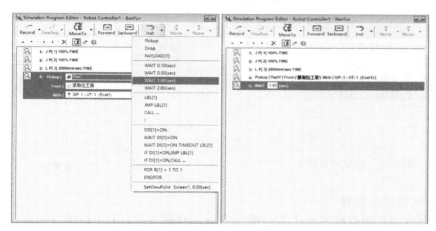

图 6-43　添加延时指令

(9) 添加抓取点上方安全位置

移动机器人到达抓取点位置上方,添加直线动作指令"L P[ ] 2000mm/sec FINE",记录 P[4] 点。

(10) 添加安全点位置

移动机器人到达 HOME 点,添加关节动作指令"J P[ ] 100% FINE",记录 P[5] 点。

(11) 添加摆放点上方安全位置

移动机器人到达摆放位置点上方,添加关节动作指令"J P[ ] 100% FINE",记录 P[6] 点。

(12) 添加摆放点位置

移动机器人到达摆放位置点,添加直线动作指令"L P[ ] 2000mm/sec",记录 P[7] 点。

(13) 添加放置指令

在仿真程序编辑器的菜单栏,选中"Inst"选项,单击"▼"图标,在弹出的菜单栏中,添加放置指令"Drop",如图 6-44 所示。

(14) 设置放置指令

在"Drop"下拉菜单栏中选择"Part1",在"From"下拉菜单栏中选择"GP:1-UT:1(Eoat1)",在"On"下拉菜单栏中选择"摆放位工装",如图 6-45 所示。

(15) 添加延时指令

在仿真程序编辑器的菜单栏,选中"Inst"选项,单击"▼"图标,在弹出的菜单栏中,添加延时指令 WAIT 1.00(sec)。

图 6-44 添加放置指令

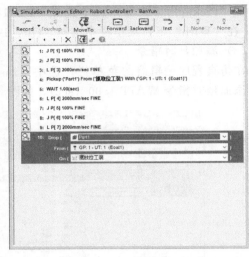
图 6-45 设置放置指令

（16）添加摆放点位置

移动机器人到达摆放位置点上方，添加直线动作指令"L P [ ] 2000mm/sec"，记录 P [8] 点。

（17）添加安全点位置

移动机器人至 HOME 点位置，添加关节动作指令"J P [ ] 100% FINE"，记录 P [9] 点。

示教关键点并添加程序指令后，完成的程序及轨迹如图 6-46 所示。

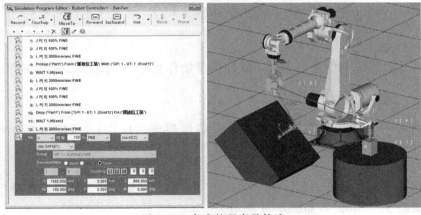
图 6-46 完成的程序及轨迹

步骤 8 参考程序及注释

（1）子程序 Pickup

```
1:Pickup('Part1')From('抓取位工装')With('GP:1-UT:1(Eoat1)')
                              //设置抓取指令
2:WAIT 1.00(sec)              //设置延时 1s
```

(2) 子程序 Drop
```
1:Drop('Part1')From('GP:1-UT:1(Eoat1)')On('摆放位工装')
                                //设置放置指令
2:WAIT 1.00(sec)                //设置延时 1s
```

(3) 虚拟 TP 示教编程主程序
```
1:UFRAME_NUM = 1;               //用户坐标系为 1
2:UTOOL_NUM = 1;                //工具坐标系为 1
3:OVERRIDE = 80%;               //设置运行速度为 80%
4:J P[1]100% FINE;              //设置 HOME 点
5:J P[2]100% FINE;              //到达抓取点上方位置
6:L P[3]100mm/sec FINE;         //到达工件抓取点位置
7:CALL PICKUP;                  //调用子程序 Pickup 开始抓取工件
8:L P[4]100mm/sec FINE;         //设置逃离点(即回到工件抓取点上方位置)
9:J P[5]100% FINE;              //回到 HOME 点位置
10:J P[6]100% FINE;             //到达放置工件位置点的上方位置
11:L P[7]100mm/sec FINE;        //到达工件放置点位置
12:CALL DROP;                   //调用子程序 DROP(即放置工件)
13:L P[8]100mm/sec FINE;        //设置逃离点(即回到工件放置点上方)
14:J P[9]100% FINE;             //回到 HOME 点位置
```

(4) 仿真程序编辑器编程主程序
```
1:J P[1]100% FINE;              //设置 HOME 点
2:J P[2]100% FINE;              //到达抓取点上方位置
3:L P[3]100mm/sec FINE          ;//到达工件抓取点位置
4:Pickup('Part1')From('抓取位工装')With('GP:1-UT:1(Eoat1)');
                                //设置抓取工件指令
5:WAIT 1.00(sec);               //设置延时 1s
6:L P[4]100mm/sec FINE;         //设置逃离点(即回到工件抓取点上方)
7:J P[5]100% FINE;              //回到 HOME 点位置
8:J P[6]100% FINE;              //到达放置工件点的上方位置
9:L P[7]100mm/sec FINE;         //到达放置点位置
10:Drop('Part1')From('GP:1-UT:1(Eoat1)')On('摆放位工装')
                                //设置放置指令
11:WAIT 1.00(sec);              //设置延时 1s
12:L P[8]100mm/sec FINE;        //设置逃离点(即回到工件放置点上方位置)
13:J P[9]100% FINE;             //回到 HOME 点位置
```

步骤 9　测试运行程序

单击工具栏中启动运行按钮 ▶，测试运行仿真程序。

步骤 10　视频录制

打开运行控制面板，单击 ▶ 按钮可以开始录制视频，单击旁边下拉箭头可以选择

仿真运行

视频录制

"AVI Record"和"3D Player Record"录制,该任务选择"3D Player Record"录制。

步骤 11　保存工作站

单击工具栏上的 📁（保存）按钮,保存整个工作站。

至此,工件抓取和放置离线仿真完成。该任务参考评分标准见表 6-1。

表 6-1　参考评分表

序号	考核内容 （技术要求）	配分	评分标准	得分情况	指导教师 评价说明
1	机器人工程文件创建	10 分	仿真模块选择(5 分) 机器人选择(5 分)		
2	Eoat 的创建与设置	10 分			
3	TCP 设置	5 分			
4	Part 的创建与设置	20 分			
5	Fixture 的创建与设置	30 分	模型创建(20 分) 关联工件(10 分)		
6	创建仿真程序	20 分	TP 程序创建(10 分) 仿真程序编辑器创建(10 分)		
7	保存工作站	5 分			

任务总结

本任务对仿真搬运过程、仿真搬运原理及搬运结果进行了分析,之后在工作站中创建了工具、工装、工件模块,并对各个模块进行相应的属性设置及关联设置,最后使用对应的动作指令和仿真指令编写工件抓取和放置离线仿真程序并运行了程序。任务实施过程中应注意的事项：不同模块之间的关联；工装上的工件坐标系与工具上的工件坐标系的 X、Y、Z 方向须一致。

学后测评

如图 6-47 所示,在 ROBOGUIDE 软件中建立一个虚拟工作站。工作站中选用 FANUC R-2000iC/165F 搬运机器人,在此仿真工作站中,使用一台带夹爪工具的机器人从一个 Fixture 上抓取 Part 放置到另一个 Fixture 上,并完成仿真动作及程序编写。其中工作站中 Fixture 和 Part 大小及位置参数自定义设置。

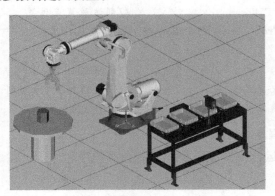

图 6-47　仿真工作站创建

任务七
行走轴添加设置离线仿真

 学习目标

知识目标:
1. 掌握工作站逻辑信号设定方法;
2. 掌握点动附加轴的设定方法。

技能目标:
1. 能够利用自建数模和模型库创建行走轴;
2. 能够创建行走轴装置动态属性;
3. 能够掌握附加轴和变位机参数设定。

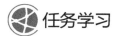 任务学习

一、知识链接

1. 外部轴概述

在焊接、搬运、码垛、喷涂等复杂的工作环境下,机器人通常并不是独立工作的,而是和自身控制的导轨、变位机、转台等外部附加的运动机构配合工作。这类能产生一定自由度,并且接受机器人伺服控制的运动机构被称为机器人的外部附加轴,简称外部轴或附加轴。

外部轴的应用不仅提高了机器人工作的效率,而且对复杂工艺和操作的实现起到了决定性的作用。按照运动方式的不同,外部轴可以分为旋转轴和直线轴;按照实现功能的不同,外部轴可分为变位机和行走轴。在实际运用中,变位机一般是旋转轴,而行走轴一般是直线轴。

2. 行走轴

需要让机器人本体的位置发生改变,需为其安装行走系统。行走轴可以使机器人整体在其世界坐标系的某一轴上做平移运动,安装单个行走轴的机器人(一般为 6 轴)通常被称作机器人第七轴或机器人附加轴,在运动的直角坐标系中,7 个轴共同合成 TCP 运动。行走轴广泛应用于机床工件上下料、焊接、装配、喷涂、搬运、码垛等需要机器人做较大范围移动的作业场景。机器人行走轴,按安装方式可分为地装式、天吊式;按行走的轨迹可分为直线、弧线、直线弧线复合。

3. 行走轴仿真技术认知

行走轴属于机器人附加轴,要想实现机器人控制器对于附加轴的伺服控制,就必须安装相应的附加轴控制软件包,并在系统层面进行设置,否则将不能添加到机器人系统中进行控制。根据外部轴的类型及用途,需安装与之对应的软件。表 7-1 列举了常用外部轴软件及功能。

表 7-1　常用外部轴软件及功能

软件名称	软件代码	用途说明
Basic Positioner	H896	用于变位机（能与机器人协调）
Independent Auxiliary Axis	H851	用于变位机（不能与机器人协调）
Extended Axis Control	J518	用于行走轴直线导轨
Multi-group Motion	J601	多组动作控制（必须安装）
Coord Motion Package	J686	协调运动控制（可选配）
Multi-robot Control	J605	多机器人控制

行走系统属于机器人动作组，需要安装的软件是 Extended Axis Control [J518]，安装完成后就可以进行系统的设置。其主要配置参数按照表 7-2 所示的内容进行设置。

表 7-2　行走系统配置参数的设置

运动组	FSSB 路径	硬件开始轴号	放大器号	FSSB 第 1 路径的总轴数
1	1	7	2	无须设定

4. I/O 信号的类型

I/O [输入（Input，I）/输出（Output，O）] 信号是机器人与末端执行器、外部装置等外围设备进行通信的电信号。

在 FANUC 机器人中，I/O 信号分为通用 I/O 信号和专用 I/O 信号两种类别，通用 I/O 须分配地址后使用，用户可自由定义使用用途的 I/O 信号。通用 I/O 信号有数字 I/O（DI[i]/DO[i]）信号、组 I/O（GI[i]/GO[i]）信号和模拟数字 I/O（AI[i]/AO[i]）信号 3 类；专用 I/O 信号功能固定且不能分配逻辑地址，是用途已经确定的 I/O 信号。专用 I/O 信号有外围设备（UOP）I/O（UI[i]/UO[i]）信号、操作面板（SOP）I/O（SI[i]/SO[i]）信号及机器人 I/O（RI[i]/RO[i]）信号，具体见表 7-3。

通用 I/O 信号及专用 I/O 信号称为逻辑信号。

表 7-3　FANUC 工业机器人 I/O 一览

I/O 类别	中文名称	符号名	说明
通用 I/O	数字 I/O	DI[i]/DO[i]	数字输入/输出,有 ON 和 OFF 两种状态
	模拟 I/O	AI[i]/AO[i]	模拟电压值输入/输出,非机器人标配 I/O
	组 I/O	GI[i]/GO[i]	并行交换数字信号,将 2~16 个数字信号作为整体定义,用于与外围设备信号通信
专用 I/O	机器人 I/O	RI[i]/RO[i]	机器人 I/O 可控制机器人内部电磁阀,并与外围设备通信
	操作面板(SOP)I/O	SI[i]/SO[i]	TP 示教器或 Mate 控制柜数字控制信号用于内部状态控制,不提供对外接口
	外围设备(UOP)I/O	UI[i]/UO[i]	工业机器人功能专用信号,其功能虽固定,但可逻辑分配绑定的物理地址

① 数字 I/O（DI/DO）信号。它是指自变量是离散的、因变量也是离散的信号。在这里提到的数字 I/O 信号有 2 个值：ON 和 OFF，也可用数字 1 和 0 表示，或者在时序图中用高电平和低电平表示。

② 组 I/O（GI/GO）信号。它可以将 2~16 条信号线作为 1 组进行定义，组 I/O 信号

的值为十进制或十六进制数字。将多条信号线对应的二进制数字转化为十进制数字,即为组输入信号(GI [i])的值。将组输出信号(GO [i])的十进制数字转化为二进制数字,即为对应多条信号线的值。

③ 模拟 I/O(AI/AO)信号。与离散的数字信号不同,模拟 I/O 信号是指信息参数在给定范围内表现为连续的信号。模拟 I/O 信号通常用来表征连续变化的物理量,如温度、湿度、压力、长度、电流、电压等。我们通常又把模拟 I/O 信号称为连续信号,它在一定的时间范围内可以有无限多个不同的取值。

④ 机器人 I/O(RI/RO)信号。它是通过机器人,被机器人末端执行器使用的数字专用信号。机器人 I/O 信号通过 EE 接口与气路和末端执行器连接,机器人 I/O 信号最多由 8 个输入、8 个输出的通用信号构成。

⑤ 外围设备 I/O(UI/UO)信号。它是机器人与遥控装置和各类外围设备进行数据交换的数字专用信号。

⑥ 操作面板 I/O(SI/SO)信号。它是操作面板/操作箱的按钮和 LED 状态进行数据交换的数字专用信号。输入随操作面板上按钮的 ON/OFF 状态而定。输出时,操作面板上的 LED 指示灯随状态而变化。

二、任务描述

如图 7-1 所示,仿照真实的工作现场在软件中建立一个虚拟工作站。在此仿真工作站上,使用一台带夹爪工具的机器人从一个"Fixture"上抓取"Part",沿行走轴运动放置"Part"到另一个"Fixture"上。工作站中选用 R-2000iC/165F 机器人。

行走轴添加设置离线仿真

仿真动画

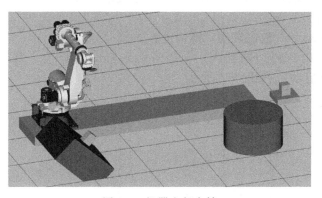

图 7-1 机器人行走轴

三、关键设备

安装 ROBOGUIDE 软件的电脑一台。

四、工作站的创建与仿真动画

一、虚拟电机控制法

步骤 1 附加轴配置设置

新建一个"Workcell"(工程文件),创建至第八步软件选择时,勾选 Extended Axis

工程文件的
创建

Control（J518）。若不进行选择，则"Workcell"中将无法进行附加轴配置设定，如图 7-2 所示。

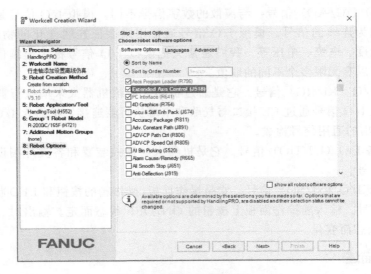

图 7-2　工程文件的创建

步骤 2　行走轴系统参数设置

打开新建的"Workcell"（工程文件）后，行走轴的设置需要在"Controlled Start"（控制启动）模式下进行。

（1）Controlled Start（控制启动）模式进入方式

执行菜单命令"Robot"（机器人）→"Restart Controller"（重启控制器）→"Controlled Start"（控制启动），如图 7-3 所示。

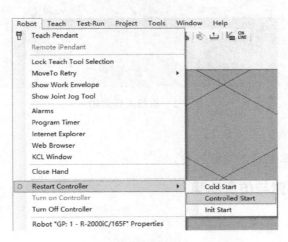

图 7-3　机器人重启控制的操作步骤

（2）行走轴系统参数设置

机器人准备重启，并弹出 TP 窗口，行走轴系统参数设置见表 7-4。

表 7-4 行走轴系统参数设置

设定窗口	操作步骤
	单击 TP 上的"MENU"（菜单），选择"9. MAINTENANCE"（机器人设定），单击虚拟示教器（TP）上的"ENTER"键完成设置
	移动光标至"Extended Axis Control"（附加轴），单击"F4 MANUAL"（手动）键完成选择
	选择群组 将行走轴添加到机器人组，选择"Group 1" 输入"1"，单击"ENTER"键完成设置
	设置开始轴号码 开始轴号取决于第 1 组的机器人轴数，以 6 轴机器人为例，所以第 2 组的附加轴从第 7 轴开始 输入"7"，单击"ENTER"键完成设置
	选择对附加轴的操作 1. Display/Modify Ext axis1～3（显示和修改已添加轴的参数） 2. Add Ext axes（添加轴） 3. Delete Ext axes（删除轴） 4. Exit（退出设置） 输入"2"，单击"ENTER"键完成设置

续表

设定窗口	操作步骤
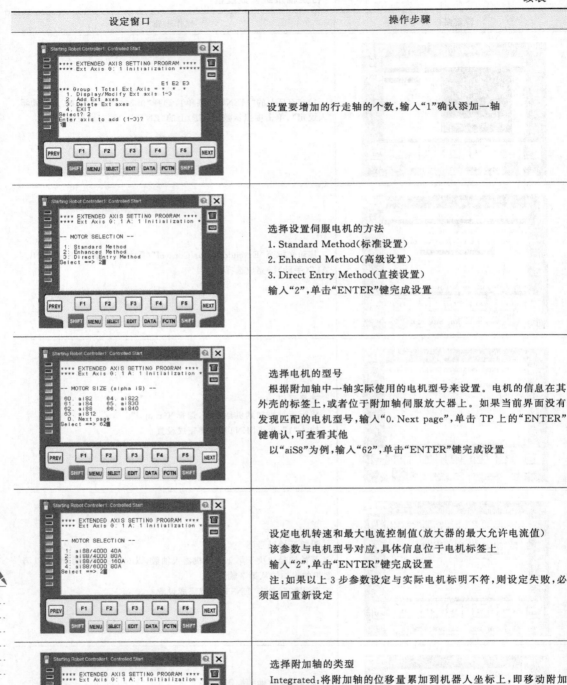	设置要增加的行走轴的个数,输入"1"确认添加一轴
	选择设置伺服电机的方法 1. Standard Method(标准设置) 2. Enhanced Method(高级设置) 3. Direct Entry Method(直接设置) 输入"2",单击"ENTER"键完成设置
	选择电机的型号 根据附加轴中一轴实际使用的电机型号来设置。电机的信息在其外壳的标签上,或者位于附加轴伺服放大器上。如果当前界面没有发现匹配的电机型号,输入"0. Next page",单击 TP 上的"ENTER"键确认,可查看其他 以"aiS8"为例,输入"62",单击"ENTER"键完成设置
	设定电机转速和最大电流控制值(放大器的最大允许电流值) 该参数与电机型号对应,具体信息位于电机标签上 输入"2",单击"ENTER"键完成设置 注:如果以上 3 步参数设定与实际电机标明不符,则设定失败,必须返回重新设定
	选择附加轴的类型 Integrated:将附加轴的位移量累加到机器人坐标上,即移动附加轴世界坐标系不会改变 Auxiliary:不将附加轴的位移量累加到机器人坐标上,即移动附加轴时世界坐标系和机器人一起移动 Liner axis:直线轴 Rotary axis:旋转轴 输入"1",单击"ENTER"键完成设置

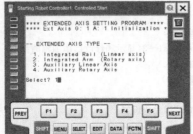

续表

设定窗口	操作步骤
	设定轴向 设置附加轴安装方向相对于世界坐标系哪个轴平行 输入"2",使机器人可在Y轴方向平移,单击"ENTER"键完成设置
	设定轴的减速比 减速比的大小取决于行走轴安装的减速器,假设齿轮的减速比为10,输入"10",单击"ENTER"键完成设置 注:直动轴的情况下,输入电机旋转1周的附加轴移动距离(mm);旋转轴的情况下,输入附加轴旋转1周所需的电机转速。减速比的值越大,附加轴运动速度越快
	设定轴的最大速度 最大速度取决于电机的转速与减速比,一般情况下保持默认,也可以更改成更低的限速值。 1:Change(修改) 2:No Change(不修改) 输入"2",单击"ENTER"键完成设置
	设定轴相对电机的方向 若轴相对电机正转的旋转方向为正,即电机轴的旋转经过减速机的传递后,输出轴相对电机轴正转的可动方向为正,则应输入"1:TURE"(有效);若为负,则应输入"2:FALSE"(无效)。单数级减速为负,偶数级减速为正 输入"2",单击"ENTER"键完成设置
	设定轴移动上限值 以"mm"为单位输入附加轴的运动范围上限值 以4000为例,输入"4000",单击"ENTER"键完成设置

续表

设定窗口	操作步骤
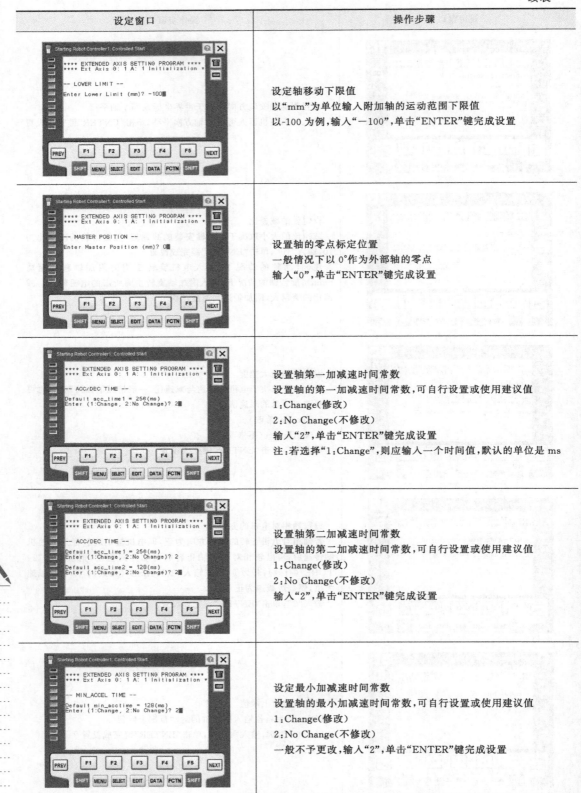	设定轴移动下限值 以"mm"为单位输入附加轴的运动范围下限值 以-100为例,输入"-100",单击"ENTER"键完成设置
	设置轴的零点标定位置 一般情况下以0°作为外部轴的零点 输入"0",单击"ENTER"键完成设置
	设置轴第一加减速时间常数 设置轴的第一加减速时间常数,可自行设置或使用建议值 1:Change(修改) 2:No Change(不修改) 输入"2",单击"ENTER"键完成设置 注:若选择"1:Change",则应输入一个时间值,默认的单位是 ms
	设置轴第二加减速时间常数 设置轴的第二加减速时间常数,可自行设置或使用建议值 1:Change(修改) 2:No Change(不修改) 输入"2",单击"ENTER"键完成设置
	设定最小加减速时间常数 设置轴的最小加减速时间常数,可自行设置或使用建议值 1:Change(修改) 2:No Change(不修改) 一般不予更改,输入"2",单击"ENTER"键完成设置

续表

设定窗口	操作步骤
(LOAD RATIO 窗口)	设置相对电机转子的惯量比 不予设定输入"0"。一般情况下设置为1~5之间的值 输入"3",单击"ENTER"键完成设置
(SELECT AMP NUMBER 窗口)	设定伺服放大器编号 机器人本身的六轴伺服放大器为1,跟其相连接的附加轴伺服放大器为2 输入"2",单击"ENTER"键完成设置
(SELECT AMP TYPE 窗口)	选择伺服放大器类型 1. A06B-6400 series 6 axes amplifier(机器人六轴放大器) 2. A06B-6240 series Alpha i amp. or A06B-6160 series Beta i amp.(外部附加轴轴放大器) 输入"2",单击"ENTER"键完成设置
(BRAKE SETTING 窗口)	设定制动器(抱闸)号 如果是真实的机器人工作站,则根据硬件实际连接情况设定。机器人的抱闸号是1,附加轴的抱闸号一般从2开始。输入"0"代表附加轴无抱闸;输入"1"代表附加轴的电机抱闸线是与六轴伺服放大器相连的;输入"2"代表使用单独的抱闸单元,附加轴的电机抱闸线与抱闸单元上的C口连接;输入"3"代表使用单独的抱闸单元,附加轴的电机抱闸线与抱闸单元上的D口连接 输入"2",单击"ENTER"键完成设置
(SERVO TIMEOUT 窗口)	设定伺服控制自动关闭 有效的情况下,选择"1:Enable",输入自动关闭延迟时间;不使用的情况下选择"2:Disable",不使用该功能,一般希望尽量缩短循环时间 输入"1",单击"ENTER"键完成设置

设定窗口	操作步骤
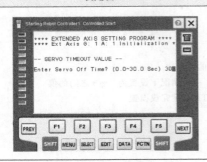	设定伺服控制关闭延迟时间 停止运行一段时间后,伺服控制自动关闭,一般设定30s。输入"30",单击"ENTER"键完成设置
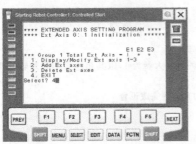	输入"2",单击"ENTER"键,增加第2轴。按照以上的步骤设定二轴的参数。全部设定完成后,再次回到此步骤时,输入"4"退出,单击"ENTER"键后可执行冷启动 1. Display/Modify Ext axis:显示或更改附加轴的设定 2. Add Ext axes:添加附加轴 3. Delete Ext axes:删除附加轴 4. Exit:退出 输入"4",单击"ENTER"键完成设置
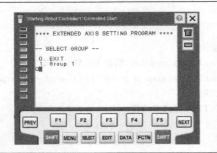	退出附加轴设定界面,输入"0",单击"ENTER"键完成设置
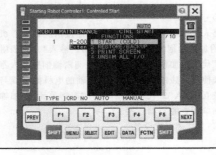	完成设定后,机器人需要冷启动,退出控制启动模式 单击"FCTN"键→"1 Start(COLD)"(冷启动)→"ENTER",退回到一般模式界面

**自建数模
创建行走轴**

步骤3 自建数模创建行走轴

(1) 自建数模创建

执行菜单命令"Cell Browser"(目录导航)→"Machines"(机构)→单击右键→"Add Machine"(添加机构)→"Box",如图7-4所示。

(2) Machine属性设置

创建成功后,在机器人上方出现一个长方体。打开"Machine"属性设置界面,设置行走轴的大小和位置,名称更改为"自建数模创建行走轴",勾选"Lock All Location Values"

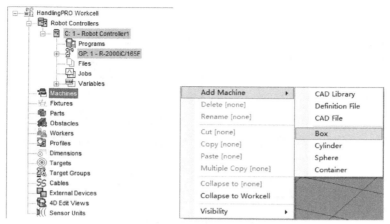

图 7-4 自建数模创建行走轴操作步骤

（锁定位置），单击"Apply"按钮确认，如图 7-5 所示。

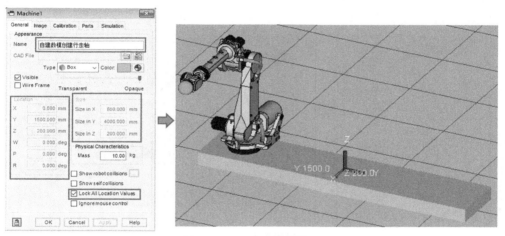

图 7-5 Machine 属性设置

（3）附加机器人

执行菜单命令"Cell Browser"（目录导航）→"Machines"（机构）→"自建数模创建行走轴"→"Attach Robot"（附加机器人）→"GP：1-R-2000iC/165F"，将机器人附加在导轨上，如图 7-6 所示。

（4）设置机器人位于行走轴的方向

在弹出的"G：1，J：7-Link1"属性设置界面，选择"Link CAD"选项卡，设置机器人位置方向 Y=-1500mm，如图 7-7 所示。

注：此项用于确定"Link"（此时指机器人）的"Master Position"（校准位置）位置。

（5）设置虚拟电机运动方向

在"G：1，J：7-Link1"属性设置界面，选择"General"选项卡，设置虚拟电机位置，使虚拟电机的 Z 轴方向与行走轴的运动方向一致，勾选"Edit Axis Origin"（轴原点更改），取消勾选"Couple Link CAD"（与链接 CAD 联锁），调整虚拟电机运动方向，如图 7-8 所示。

注：调整虚拟电机方向前，先将"Couple Link CAD"前面的勾选去掉，可避免电机位置变化时，机器人模型位置也随之一起变化。

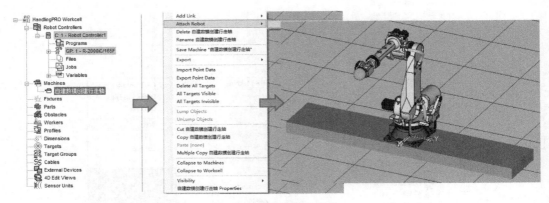

图 7-6 附加机器人操作

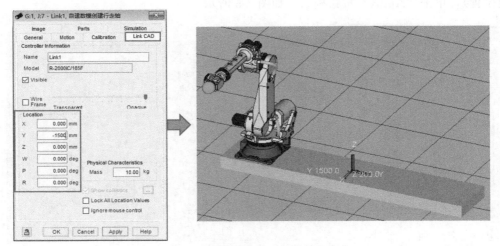

图 7-7 设置机器人位于行走轴的方向

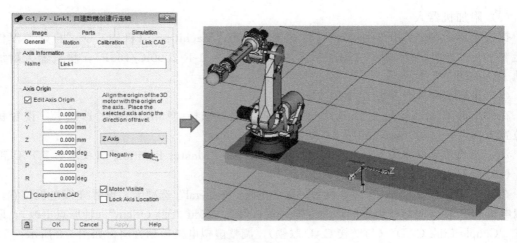

图 7-8 设置虚拟电机的运动方向

（6）设置附加轴控制方式和轴信息

在"G：1，J：7-Link1"属性设置界面，选择"Motion"（动作）选项卡，设置附加轴的控制方式和轴的信息。在"Motion Control Type"（动作控制类型）中选择"Servo Motor Controlled"（通过伺服电机进行控制），单击"Apply"按钮确认，如图 7-9 所示。

注：Servo Motor Controlled（通过伺服电机进行控制）；

Device I/O Controlled（通过 I/O 进行控制）；

External Servo Motion（通过外部伺服轴进行控制）；

External I/O Motion（通过外部 I/O 进行控制）。

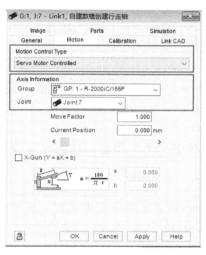

图 7-9 设置附加轴控制方式和轴信息

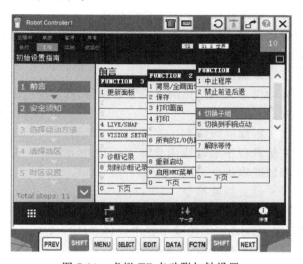

图 7-10 虚拟 TP 点动附加轴设置

虚拟TP点动附加轴

创建仿真工作站

虚拟TP示教编程

仿真程序编辑器示教编程

步骤 4 虚拟 TP 点动附加轴

用 TP 示教机器人沿行走轴移动，需要切换子组；打开 TP，单击"FCTN"（功能）→"4.切换子组"，切换子组为"G1 S"（当前示教对象是群组 1 中的附加轴），如图 7-10 所示。单击"SHIFT + -X(J1) 或 +X(J1)"，可查看机器人在行走轴运行的状态；切换子组为"G1"（当前示教对象是机器人群组 1 中的第七轴），单击"SHIFT + -(J7) 或 +(J7)"，可查看机器人在行走轴运行的状态。

步骤 5 创建仿真工作站

参照任务六搭建如图 7-11 所示的工作站。

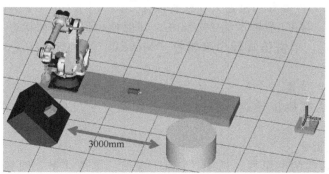

图 7-11 带行走轴简易工作站

步骤6 创建工件抓取和放置仿真程序

(1) 创建仿真程序

执行菜单命令"Teach"→"Add Simulation Program",创建一个仿真程序。

(2) 修改程序名称

在弹出的对话框中修改程序名为"PROG3",单击"确定"按钮,进入程序编辑界面。

(3) 设置 HOME 点位置

在程序编辑界面,单击"Record"的下拉按钮,在弹出的下拉选项中选择动作指令"J P [ ] 100% FINE",记录第 1 个点,将第 1 个点设置为 HOME 点。

(4) 添加抓取点上方安全点位置

移动机器人到达抓取点位置上方,添加关节动作指令"J P [ ] 100% FINE",记录 P [2] 点。

(5) 添加抓取点位置

移动机器人到达抓取点位置,添加直线动作指令"L P [ ] 2000mm/sec FINE",记录 P [3] 点。

(6) 添加抓取指令

在仿真程序编辑器的菜单栏,选中"Inst"选项,单击"▼"图标,在弹出的菜单栏中,添加抓取指令"Pickup"。

(7) 设置抓取指令

在"Pickup"下拉菜单栏中选择"Part1",在"From"下拉菜单栏中选择"抓取位工装",在"With"下拉菜单栏中选择"GP:1-UT:1(Eoat1)"。

(8) 添加延时指令

在仿真程序编辑器的菜单栏,选中"Inst"选项,单击"▼"图标,在弹出的菜单栏中,添加延时指令 WAIT 1.00(sec)。

(9) 添加抓取点上方安全位置

移动机器人到达抓取点位置上方,添加直线动作指令"L P [ ] 2000mm/sec FINE",记录 P [4] 点。

(10) 回到 HOME 点位置

移动机器人到达 HOME 点,添加关节动作指令"J P [ ] 100% FINE",记录 P [5] 点。

(11) 添加摆放点上方安全位置

移动机器人到达摆放位置点上方,添加关节动作指令"J P [ ] 100% FINE",记录 P [6] 点,可用虚拟 TP 点动移动机器人[或直接在"J P [6] 100% FINE"运动指令中选择"joint"(关节坐标),将 E1 轴修改为 3000mm,其他轴均保持运动状态不变],此时程序指令已被更新至 P [6],单击仿真程序编辑器"MoveTo",运行至 P [6] 当前位置点,如图 7-12 所示。

(12) 添加摆放点位置

移动机器人到达摆放位置点,添加直线动作指令"L P [ ] 2000mm/sec",记录 P [7] 点。

(13) 添加放置指令

在仿真程序编辑器的菜单栏,选中"Inst"选项,单击"▼"图标,在弹出的菜单栏中,添加放置指令"Drop"。

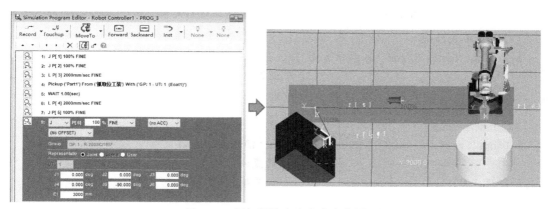

图 7-12 添加摆放点上方安全位置

(14) 设置放置指令

在"Drop"下拉菜单栏中选择"Part1",在"From"下拉菜单栏中选择"GP:1-UT:1 (Eoat1)",在"On"下拉菜单栏中选择"摆放位工装"。

(15) 添加延时指令

在仿真程序编辑器的菜单栏,选中"Inst"选项,单击"▼"图标,在弹出的菜单栏中,添加延时指令 WAIT 1.00 (sec)。

(16) 添加逃离点

移动机器人到达摆放位置点上方,添加直线动作指令"L P [ ] 2000mm/sec",记录 P [8] 点。

(17) 回到机器人初始状态

移动机器人至 HOME 位置,添加关节动作指令"J P [ ] 100% FINE",记录 P [9] 点,可用虚拟 TP 点动移动机器人 [或直接在"J P [9] 100% FINE"运动指令中选择"joint"(关节坐标),将 E1 轴修改为 0mm,其他轴均保持运动状态不变],此时程序指令已被更新至 P [9],单击仿真程序编辑器"MoveTo",运行至 P [9] 当前位置点,如图 7-13 所示。

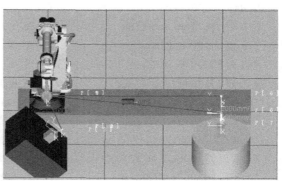

图 7-13 程序轨迹

步骤 7　参考程序及注释

(1) 子程序 Pickup

```
1:Pickup('Part1')From('抓取位工装')With('GP:1-UT:1(Eoat1))'
                              //设置抓取指令
2:WAIT 1.00(sec)              //设置延时 1s
```

(2) 子程序 Drop

```
1:Drop('Part1')From('GP:1-UT:1(Eoat1))On('摆放位工装')
                              //设置放置指令
2:WAIT 1.00(sec)              //设置延时 1s
```

(3) 虚拟 TP 示教编程主程序

```
1:UFRAME_NUM = 1;             //用户坐标系为 1
2:UTOOL_NUM = 1;              //工具坐标系为 1
3:OVERRIDE = 80 %;            //设置运行速度为 80%
4:J P[1]100% FINE;            //设置 HOME 点
5:J P[2]100% FINE;            //到达抓取点上方位置
6:L P[3]100mm/sec FINE;       //到达工件抓取点位置
7:CALL PICKUP;                //调用子程序 Pickup 开始抓取工件
8:L P[4]100mm/sec FINE;       //设置逃离点(即回到工件抓取点上方位置)
9:J P[5]100% FINE;            //回到 HOME 点位置
10:J P[6]100% FINE;           //到达放置工件位置点的上方位置
11:L P[7]100mm/sec FINE;      //到达工件放置点位置
12:CALL DROP;                 //调用子程序 Drop(即放置工件)
13:L P[8]100mm/sec FINE;      //设置逃离点(即回到工件放置点上方)
14:J P[9]100% FINE;           //回到 HOME 点位置
```

(4) 仿真程序编辑器编程主程序

```
1:J P[1]100% FINE;            //设置 HOME 点
2:J P[2]100% FINE;            //到达抓取点上方位置
3:L P[3]100mm/sec FINE;       //到达工件抓取点位置
4:Pickup('Part1')From('抓取位工装')With('GP:1-UT:1(Eoat1))';
                              //设置抓取工件指令
5:WAIT 1.00(sec);             //设置延时 1s
6:L P[4]100mm/sec FINE;       //设置逃离点(即回到工件抓取点上方)
7:J P[5]100% FINE;            //回到 HOME 点位置
8:J P[6]100% FINE;            //到达放置工件点的上方位置
9:L P[7]100mm/sec FINE;       //到达放置点位置
10:Drop('Part1')From('GP:1-UT:1(Eoat1))On('摆放位工装')
                              //设置放置指令
11:WAIT 1.00(sec);            //设置延时 1s
12:L P[8]100mm/sec FINE;      //设置逃离点(即回到工件放置点上方位置)
13:J P[9]100% FINE;           //回到 HOME 点位置
```

步骤 8 测试运行程序

单击工具栏中启动运行按钮 ▶，测试运行仿真程序。

步骤 9 视频录制

打开运行控制面板，单击 按钮可以开始录制视频，单击旁边下拉箭头可以选择"AVI Record"和"3D Player Record"录制，该任务选择"3D Player Record"录制。

步骤 10 保存工作站

单击工具栏上的保存按钮，即可保存整个工作站。

二、I/O 信号控制法

步骤 1 创建工程文件

先新建一个"Workcell"（工程文件），RBOGUIDE 中添加信号控制附加轴，在创建"Workcell"时，不需要像电机控制一样选择相应的软件，此时 Link 的位置由所设信号状态决定，工程文件创建如图 7-14 所示。

创建工程文件

模型库创建行走轴

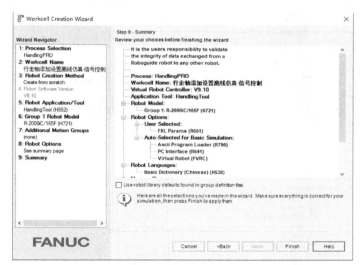

图 7-14 工程文件创建

步骤 2 利用模型库创建行走轴

（1）模型库创建行走轴

电机控制和信号控制，对应的设备都必须选择"Machines"来创建，同样，都可以选择自建数模创建和模型库创建，本任务选择模型库创建行走轴。

（2）打开生成行走轴界面

执行菜单命令"Tools"→"Rail Unit Creator Menu"（生成行走轴），弹出"生成行走轴"属性设置窗口，如图 7-15 所示。

（3）添加导轨至机器人上

单击"Exec"（执行）便可将机器人添加至导轨上，如图 7-16 所示。

（4）选择 Link1

执行菜单命令"Cell Browser"（导航目录）→"Machines"（机构）→"模型库创建"→"Link1"，打开 Link1 属性设置窗口，如图 7-17 所示。

（5）设置虚拟电机运动方向

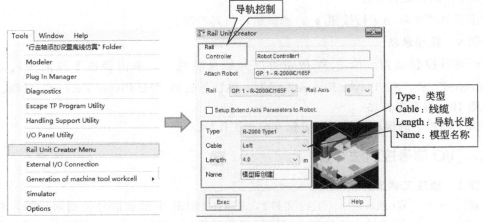

图 7-15 打开行走轴属性界面操作

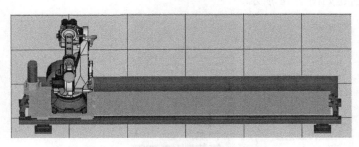

图 7-16 模型库添加导轨至机器人上

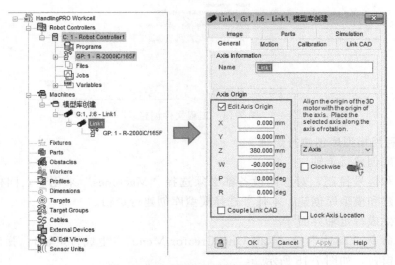

图 7-17 打开 Link1 属性设置窗口

在 Link1 属性设置窗口中，单击"General"选项，按照图 7-17 所示，设置虚拟电机位置和 Z 轴方向（即"Link"的运动方向），设置完成单击"Apply"确认。

（6）设置控制方式

按照图 7-18 所示进行虚拟电机控制方式、轴类型、速度、I/O 的输入输出参数设置，设置完成后单击"Apply"按钮确认，单击"Test"（测试）查看机器人在行走轴运行的状态。

注：Motion Control Type（控制方式）；Axis Type（旋转、直线运动）；Speed（运动速度）；Inputs（Link 根据输出信号往指定位置移动）；Outputs（Link 到达指定位置后给机器人输入信号）。

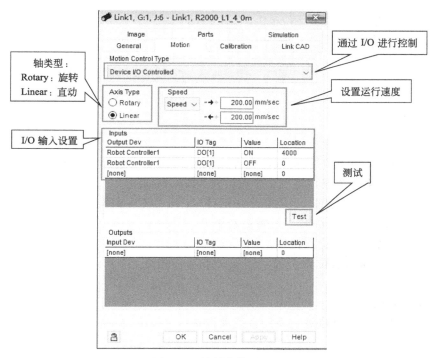

图 7-18　控制参数的设置

步骤 3　创建仿真工作站

参照任务六搭建如图 7-19 所示的工作站。

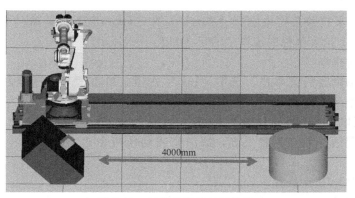

图 7-19　带行走轴简易工作站

步骤 4　创建工件抓取和放置仿真程序

（1）创建仿真程序

执行菜单命令"Teach"→"Add Simulation Program"，创建一个仿真程序。

（2）修改程序名称

在弹出的对话框中修改程序名为"PROG4"，单击"确定"，进入程序编辑界面。

(3) 复位 DO [1]

在仿真程序编辑器的菜单栏，选中"Inst"选项，单击"▼"图标，在弹出的菜单栏中，选择"DO [1]"，将 ON 修改为 OFF，如图 7-20 所示。

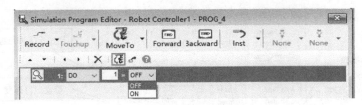

图 7-20　复位 DO [1]

(4) 设置 HOME 点位置

在程序编辑界面，单击下拉按钮，在弹出的下拉选项中选择动作指令的类型"J P [] 100% FINE"，记录第 1 个点，将第 1 个点设置为 HOME 点。

在"J P [1] 100% FINE"运动指令中选择"joint"（关节坐标），将 J5 轴设置为 -90，其他轴均设置为 0，此时 HOME 点已被更新至 P [1]。

(5) 添加抓取点上方安全点位置

移动机器人到达抓取点位置上方，添加关节动作指令"J P [] 100% FINE"，记录 P [2] 点。

(6) 添加抓取点位置

移动机器人到达抓取点位置，添加直线动作指令"L P [] 2000mm/sec FINE"，记录 P [3] 点。

(7) 添加抓取指令

在仿真程序编辑器的菜单栏，选中"Inst"选项，单击"▼"图标，在弹出的菜单栏中，添加抓取指令"Pickup"。

(8) 设置抓取指令

在"Pickup"下拉菜单栏中选择"Part1"，在"From"下拉菜单栏中选择"抓取位工装"，在"With"下拉菜单栏中选择"GP：1-UT：1（Eoat1）"。

(9) 添加延时指令

在仿真程序编辑器的菜单栏，选中"Inst"选项，单击"▼"图标，在弹出的菜单栏中，添加延时指令 WAIT 1.00（sec）。

(10) 添加抓取点上方安全位置

移动机器人到达抓取点位置上方，添加直线动作指令"L P [] 3000mm/sec FINE"，记录 P [4] 点。

(11) 回到 HOME 点位置

移动机器人到达"HOME"点，添加关节动作指令"J P [] 100% FINE"，记录 P [5] 点。

(12) 置位 DO [1]

在仿真程序编辑器的菜单栏，选中"Inst"选项，单击"▼"图标，在弹出的菜单栏中，选择"DO [1]"，设定为 ON，如图 7-21 所示。

(13) 添加延时指令

在仿真程序编辑器的菜单栏，选中"Inst"选项，单击"▼"图标，在弹出的菜单栏

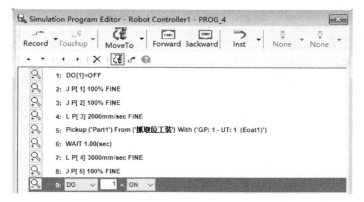

图 7-21　置位 DO [1]

中，选择延时指令 WAIT 10.00 (sec)，如图 7-22 所示。

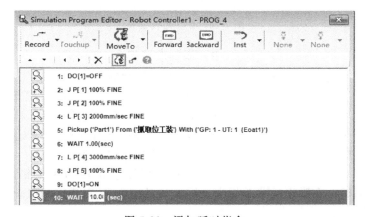

图 7-22　添加延时指令

(14) 添加摆放点上方安全位置

移动机器人到达摆放位置点上方，添加关节动作指令"J P [ ] 100% FINE"，记录 P [6] 点。

注：执行菜单命令"Tools"（工具）→"I/O Panel Utility"（I/O 面板功能），打开"I/O 面板功能"属性设置窗口，如图 7-23 所示。在"I/O 面板功能"属性设置窗口中单击"设置 I/O 面板"图标，打开"I/O 面板设置"窗口，添加需要显示的 I/O 信号，如图 7-24 所示。设置完成后单击"Apply"确认，此时 I/O 面板功能显示 DO [1] 输出信号，如图 7-25 所示。单击 I/O 面板功能中的 DO [1] 信号，快速移动机器人至导轨末端。

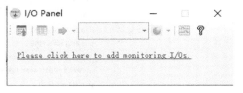

图 7-23　I/O 面板功能

(15) 添加摆放点位置

移动机器人到达摆放位置点，添加直线动作指令"L P [ ] 2000mm/sec"，记录 P [7] 点。

(16) 添加放置指令

在仿真程序编辑器的菜单栏，选中"Inst"选项，单击"▼"图标，在弹出的菜单栏

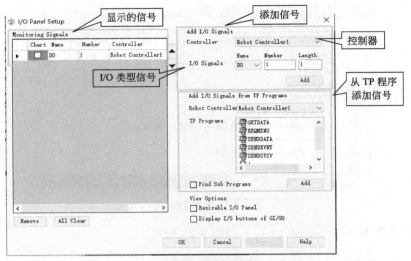

图 7-24 I/O 面板设置

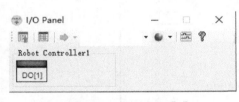

图 7-25 显示 DO [1]

中,添加放置指令"Drop"。

(17) 设置放置指令

在"Drop"下拉菜单栏中选择"Part1",在"From"下拉菜单栏中选择"GP:1-UT:1(Eoat1)",在"On"下拉菜单栏中选择"摆放位工装"。

(18) 添加延时指令

在仿真程序编辑器的菜单栏,选中"Inst"选项,单击"▼"图标,在弹出的菜单栏中,添加延时指令 WAIT 1.00 (sec)。

(19) 添加逃离点

移动机器人到达摆放位置点上方,添加直线动作指令"L P [ ] 2000mm/sec",记录 P

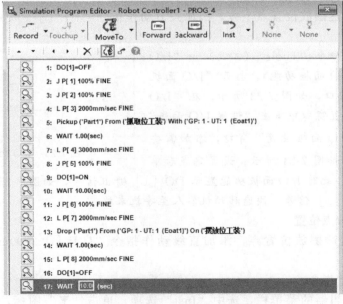

图 7-26 复位 DO [1]、添加延时

[8] 点。

(20) 复位 DO [1] 位置

在仿真程序编辑器的菜单栏,选中"Inst"选项,单击"▼"图标,在弹出的菜单栏中,添加"DO [1]"将 ON 修改为 OFF,如图 7-26 所示。

(21) 添加延时指令

在仿真程序编辑器的菜单栏,选中"Inst"选项,单击"▼"图标,在弹出的菜单栏中,添加延时指令 WAIT 10.00 (sec),如图 7-26 所示。

(22) 回到机器人初始状态。

移动机器人至 HOME 点位置,添加关节动作指令"J P [] 100% FINE",记录 P [9] 点。完成的程序如图 7-27 所示。

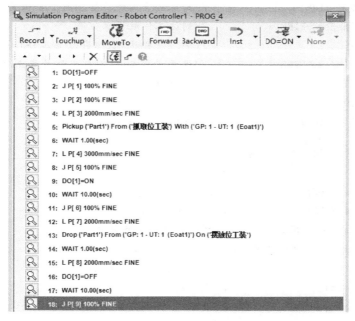

图 7-27 完成的程序

步骤 5 参考程序及注释

```
(1)子程序 Pickup
1:Pickup('Part1')From('抓取位工装')With('GP:1-UT:1(Eoat1)')
                              //设置抓取指令
2:WAIT 1.00(sec)              //设置延时 1s

(2)子程序 Drop
1:Drop('Part1')From('GP:1-UT:1(Eoat1)')On('摆放位工装')
                              //设置放置指令
2:WAIT 1.00(sec)              //设置延时 1s

(3)虚拟 TP 示教编程主程序
1:UFRAME_NUM = 1;             //用户坐标系为 1
2:UTOOL_NUM = 1;              //工具坐标系为 1
```

```
3:OVERRIDE = 80%;                    //设置运行速度为80%
4:DO[1] = OFF                        //复位DO[1]
4:J P[1]100% FINE;                   //设置HOME点
5:J P[2]100% FINE;                   //到达抓取点上方位置
6:L P[3]100mm/sec FINE;              //到达工件抓取点位置
7:CALL PICKUP;                       //调用子程序Pickup开始抓取工件
8:L P[4]100mm/sec FINE;              //设置逃离点(即回到工件抓取点上方位置)
9:J P[5]100% FINE;                   //回到HOME点位置
10:DO[1] = ON                        //置位DO[1]
11:WAIT 10.00(sec);                  //设置延时10s
12:J P[6]100% FINE;                  //到达放置工件位置点的上方位置
13:L P[7]100mm/sec FINE;             //到达工件放置点位置
14:CALL DROP;                        //调用子程序Drop(即放置工件)
15:L P[8]100mm/sec FINE;             //设置逃离点(即回到工件放置点上方)
16:DO[1] = OFF                       //置位DO[1]
17:WAIT 10.00(sec);                  //设置延时10s
18:J P[9]100% FINE;                  //回到HOME点位置
```

(4)仿真程序编辑器编程主程序

```
1:DO[1] = OFF                        //复位DO[1]
2:J P[1]100% FINE;                   //设置HOME点
3:J P[2]100% FINE;                   //到达抓取点上方位置
4:L P[3]100mm/sec FINE;              //到达工件抓取点位置
5:Pickup('Part1')From('抓取位工装')With('GP:1-UT:1(Eoat1)');
                                     //设置抓取工件指令
6:WAIT 1.00(sec);                    //设置延时1s
7:L P[4]100mm/sec FINE;              //设置逃离点(即回到工件抓取点上方)
8:J P[5]100% FINE;                   //回到HOME点位置
9:DO[1] = ON                         //置位DO[1]
10:WAIT 10.00(sec);                  //设置延时10s
11:J P[6]100% FINE;                  //到达放置工件点的上方位置
12:L P[7]100mm/sec FINE;             //到达放置点位置
13:Drop('Part1')From('GP:1-UT:1(Eoat1)')On('摆放位工装')
                                     //设置放置指令
14:WAIT 1.00(sec);                   //设置延时1s
15:L P[8]100mm/sec FINE;             //设置逃离点(即回到工件放置点上方位置)
16:DO[1] = OFF                       //复位DO[1]
17:WAIT 10.00(sec);                  //设置延时10s
18:J P[9]100% FINE;                  //回到HOME点位置
```

步骤6 测试运行程序

单击工具栏中启动运行按钮 ▶，测试运行仿真程序。

步骤 7　视频录制

打开运行控制面板,单击  按钮可以开始录制视频,单击旁边下拉箭头可以选择"AVI Record"和"3D Player Record"录制,该任务选择"3D Player Record"录制。

步骤 8　保存工作站

单击工具栏上的保存按钮 🖫,即可保存整个工作站。

至此,行走轴添加设置离线仿真完成。该任务参考评分标准见表 7-5。

表 7-5　参考评分表

序号	考核内容 (技术要求)	配分	评分标准	得分情况	指导教师 评价说明
1	机器人工程文件创建	5 分			
2	自建数模创建行走轴(虚拟电机控制法)	30 分			
3	模型库创建行走轴(I/O 信号控制法)	30 分			
4	Eoat 的创建与设置	5 分			
5	TCP 设置	5 分			
6	Fixture 的创建与设置	10 分			
7	Part 的创建与设置	5 分			
8	创建仿真程序	10 分			

任务总结

本任务通过虚拟电机控制法(自建数模创建行走轴)和 I/O 信号控制法(利用模型库创建行走轴)对输送装置的具体创建流程进行了详细介绍,使读者掌握外部轴系统组成和参数的配置,能够分别采用虚拟电机中的多动作组和 I/O 控制指令两种设置方法创建离线仿真程序,使搬运机器人与外部行走轴同步运行,有效实现了工业机器人更大范围的工作空间,从而提高了工业机器人在码垛、搬运、喷涂等现实复杂工作环境下的工作效率。

学后测评
创建流程

学后测评

如图 7-28 所示,在 ROBOGUIDE 软件中建立一个虚拟工作站。工作站中选用 FANUC R-2000iC/165F 搬运机器人,在此仿真工作站中,使用一台带夹爪工具的机器人从一个 Fixture 上抓取 Part 延行走轴放置到另一个 Fixture 上,并完成仿真动作及程序编写。其中工作站中 Fixture 和 Part 大小及位置参数自定义设置。

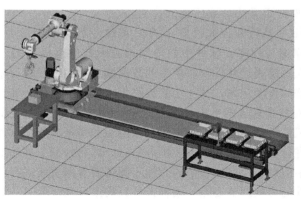

图 7-28　仿真工作站创建

任务八
轨迹绘制离线仿真

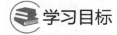 学习目标

知识目标：
1. 掌握轨迹曲线与路径的创建方法；
2. 掌握目标点与轴配置调整的方法；
3. 熟练掌握轨迹调整的方法；
4. 掌握在线调试流程。

技能目标：
1. 能够创建机器人轨迹曲线；
2. 能够进行目标点调整；
3. 能够进行轴配置调整；
4. 能够对机器人运动轨迹进行完善和调整；
5. 能够编辑程序。

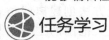 任务学习

一、知识链接

 离线示教编程是 ROBOGUIDE 离线编程功能的一种。其虽然在某些方面相较于在线示教编程存在一定的优势，但它与在线示教编程一样，由于编程方式的限制，导致其存在着较大的局限性，也只是运用在机器人轨迹相对简单的编程上，如搬运、码垛、点焊等。对于复杂的轨迹线，如异形表面的打磨、图形的切割等连续作业，因程序中需要示教的关键点非常多，并且姿态可能复杂多变，离线示教编程的工作量就和在线示教一样巨大，导致离线编程相比于在线编程在某些方面无法形成巨大的优势。

实际上 ROBOGUIDE 离线编程软件除了可以离线示教编程外，最重要的就是可以利用"Part"三维模型的信息编写程序。软件中的模型是由无数的点构成的，并且每个点都有自己的坐标，虚拟的机器人系统通过软件获取模型的数据信息，在编程过程中提取点的坐标并利用这些位置信息进行轨迹的自动规划，这一功能被称为"模型—程序"转换（CAD-To-Path）。

ROBOGUIDE 针对复杂轨迹的生成，在 Parts 模块的模型基础上提供了轨迹绘制和轨迹自动规划的功能：①在工件模型的表面绘制直线、多段线和样条曲线，软件通过检测线条中的直线和圆弧或者用直线进行细分，自动生成关键点信息，然后根据工件的形状调节姿态；②软件可识别工件模型的数字信息，检测线条中的直线和圆弧或者用直线进行细分，自动生成关键点和动作，然后根据工件的形状调节姿态。编程人员只需进行几步简单的设置，软件就会自动添加程序指令生成机器人程序，这是一种由 CAD 模型信息直接向程序代码转化的过程。

"模型—程序"转换功能（CAD-To-Path）窗口如图 8-1 所示。

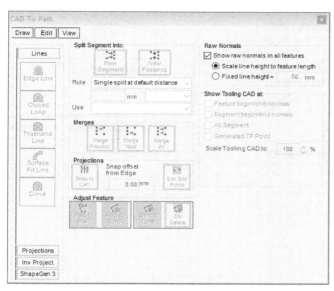

图 8-1　轨迹线绘制窗口

Draw：绘制轨迹路径功能面板的显示选项，边框高亮则显示窗口左侧的功能区域，此区域的主要作用是绘制轨迹的路径。

Edit：编辑轨迹路径功能面板的显示选项，边框高亮则显示窗口中间的功能区域，此区域的主要作用是编辑轨迹的路径。

View：轨迹路径关键点信息面板的显示选项，边框高亮则显示窗口右侧的区域，此区域的主要作用是显示轨迹路径的各关键点分布以及点上的工具姿态。

CAD-To-Path 的轨迹生成功能中主要有 2 大模块：Lines（画线模块）和 Projections（工程轨迹模块）。画线模块是在 Part 模型的表面自由绘制线条或者捕捉模型的边缘来绘制线条，这些线条上的点将作为程序的关键点。工程轨迹模块在下一任务打磨工作站中详细介绍。

Lines 包括 Edge Line［捕捉边缘线（局部）］、Freehand Line（自由绘制多段线）、Surface Fit Line［自由绘制表面线（贴合表面形状）］、Curve（自由绘制样条曲线）和 Closed Loop（捕捉闭合轮廓线）功能，如图 8-2 所示。

（1）Edge Line［捕捉边缘线（局部）］

通过捕捉模型的边缘绘制一段轨迹，可以自定义路径的起点和终点位置，并且这个轨迹不局限于一个平面内，如图 8-3 所示。

（2）Closed Loop（捕捉闭合轮廓线）

通过捕捉模型的边缘绘制一条完整封闭的轨迹线，实际上就是轮廓的拾取。可自定义起点（与终点位置重合）的位置，轮廓线可在不同平面内，如图 8-4 所示。

（3）Freehand Line（自由绘制多段线）

在平面上绘制的多段线轨迹，由多条直线组成。可将开始点和结束点设定在平面内的任意位置，对于轨迹的制订有很大的自由空间，但是仅仅适用于单平面内，如图 8-5 所示。

（4）Surface Fit Line［自由绘制表面线（贴合表面形状）］

表面贴合线以最短的路径连接相邻的各关键点，能跟随表面的起伏，契合表面的形态，而且不局限于单个平面内。表面贴合线在其物体表面的投影均为直线，如图 8-6 所示。

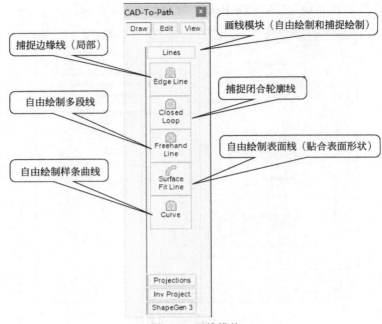

图 8-2 画线模块

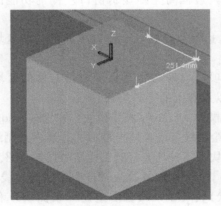

图 8-3 局部边缘轨迹

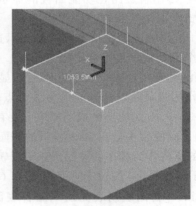

图 8-4 闭合轮廓轨迹

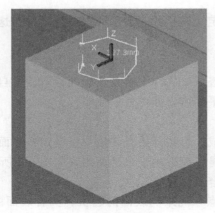

图 8-5 多段线轨迹

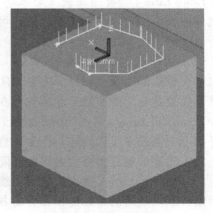

图 8-6 表面贴合线轨迹

（5）Curve（自由绘制样条曲线）

样条曲线通过不在同一直线上的 3 个点确定弧度，之后的每个点都会影响这条曲线的形态。样条曲线同样不局限于单个平面内，其路线可贴合表面，如图 8-7 所示。

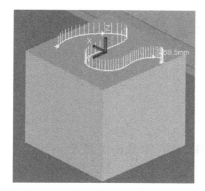

图 8-7　样条曲线轨迹

图 8-8　运行结果

机器人进行汉字书写的方法与人的书写方法不同，要完成标准字体的"书写"，TCP 必须沿着汉字的外轮廓进行刻画。如果进行示教编程，无论是在线示教还是在软件中离线示教，需要记录的关键点的数量都是比较多的，尤其是一些艺术字体和线条复杂的图形，需要的示教点数量非常庞大，并且因为字体轮廓线条的不规则性，手动示教的动作轨迹很难与字的轮廓相吻合。所以此工作站将运用"模型—程序"转换技术完成汉字书写的离线编程，实现机器人写字的功能。在实际生产中，此类编程多应用于激光切割、等离子切割、异形轮廓去毛刺等工艺，实现立体字和复杂图形的加工。

本任务将通过创建书写遵义职业技术学院校徽图形离线程序来熟悉"模型—程序"转换功能的具体应用，包括如何拾取模型的轮廓、介绍程序设置窗口中常用的项目以及轨迹路径如何向程序转换。最后还要将离线程序下载到真实的机器人工作站中去验证，其中包括如何调整工作站设置和最终运行。真实机器人运行结果如图 8-8 所示。

二、任务描述

汉字书写虚拟仿真工作站选用 M-10iD/12 小型机器人，工作站基座为 Fixture1，汉字下方的平板为 Fixture2，机器人的法兰盘安装有笔型工具（TCP 点位于笔尖），遵义职业技

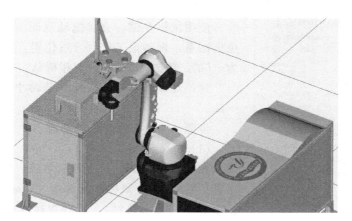

图 8-9　汉字书写仿真工作站

术学院校徽为 Part1，如图 8-9 所示。机器人在工作站完成遵义职业技术学院校徽的离线程序编写，并导出程序下载到真实的机器人当中，在真实的工作站上写出图案。

三、关键设备

安装 ROBOGUIDE 软件的电脑一台；汉字书写工作站。

四、工作站的创建与仿真动画

任务实施

步骤 1　创建机器人工程文件

创建机器人工程文件，选取的机器人型号为 M-10iD/12，如图 8-10 所示。

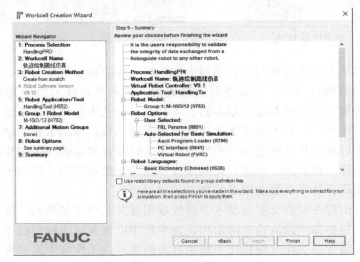

图 8-10　创建机器人工程文件

步骤 2　工装（Fixture）的创建与设置

图 8-11　工作站位置设置

将工作站基座以 Fixture 的形式导入，并调整好位置如图，8-11 所示。

步骤 3　机器人位置设置

使用鼠标左键，直接拖动视图中机器人模型上的绿色坐标系，调整至工作台合适位置，并将机器人 J5 轴设为 $-90°$，单击"Apply"按钮确认，如图 8-12 所示。

注：虚拟工作站与实际工作站中机器人位置摆放要一致。

步骤 4　工具的创建与设置

（1）导入笔型工具

在"Cell Browser"（导航目录）窗口中，选中 1 号工具"UT：1"，鼠标右键单击"Eoat1 Properties"（机械手末端工具 1 属性），或者直接双击"UT：1"，打开属性设置窗口。在弹出的工具属性设置窗口中选择

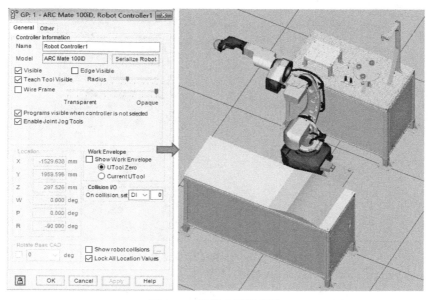

图 8-12　机器人属性设置

"General"常规设置选项卡，单击"CAD File"右侧的第 1 个按钮，从本地模型存储目录中选择所需的工具模型"笔（2）.IGS"文件，单击"打开"按钮，如图 8-13 所示。

图 8-13　笔型工具存放目录

图 8-14　笔型工具的调整

文字添加设置

（2）笔型工具属性设置

上述操作完成后，如三维视图中并没有显示出"笔"的模型，此时单击"Apply"按钮确认，笔型工具添加到机器人末端，若添加的笔型工具的尺寸和姿态不正确，应在当前的属性设置窗口中修改笔型工具的位置数据，使其正确安装在机器人法兰盘上，如图 8-14 所示。

（3）工具坐标系的设置

鼠标双击工具坐标系"UT：1"，在弹出的工具属性设置窗口中选择"UTOOL"工具坐标系选项卡，勾选"Edit UTOOL"选项后直接输入工具坐标系偏移数据：X＝0，Y＝0，Z＝154，W＝0，P＝0，R＝0，单击"Apply"按钮确认，如图 8-15 所示。

步骤 5　文字添加设置

将遵义职业技术学院校徽模型以 Part 的形式导入，关联到 Fixture 模型上，并调整好大小，此处导入工件后其大小设置为 1.6 倍并调整好位置，如图 8-16 所示。

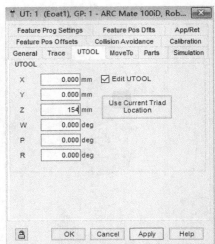

图 8-15 工具坐标系设置

用户坐标系
的设置

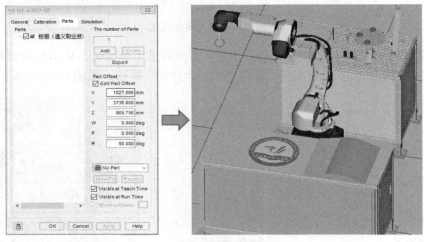

图 8-16 校徽位置调整

✎ 注：利用三维建模创建的文字，在添加到工作站的过程中，会弹出"最优化选择"窗口，如图 8-17 所示，提示选择 CAD 工件加载质量，此处选择第一项，高质量加载。

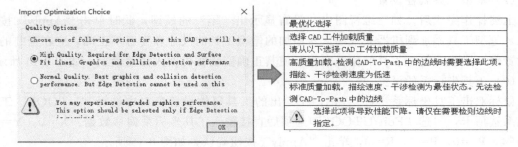

图 8-17 最优化选择

步骤 6　设置用户坐标系

在"Cell Browser"导航目录窗口中，依次点开工程文件结构树，找到"User Frames"

用户坐标系，双击"UF：1"（UF：0 与世界坐标系重合，不可编辑）弹出用户坐标系属性设置界面。用鼠标直接拖动用户坐标系模型的位置，将坐标原点设置在校徽外圆轮廓模型的第一笔画的位置上，坐标系方向与世界坐标系保持一致，形成新的用户坐标系，如图 8-18 所示。

图 8-18　用户坐标系 1 设置　　　　图 8-19　遵义职业技术学院校徽 Part 模型文件

步骤 7　轨迹分析

遵义职业技术学院校徽模型的形态如图 8-19 所示，形成了 90 个完整的封闭轮廓，这就意味着有 90 条轨迹线，其中机器人绘制轨迹时是空心字体（例如："a"字目分两部分，内轮廓包含一部分，外轮廓包含一部分），其他字体与此类似。每条轨迹线对应着一个轨迹程序，对其分别进行编程，最后主程序调用 90 个子程序依次运行。

步骤 8　轨迹绘制

（1）打开轨迹绘制功能窗口

在"Cell Browser"（导航目录）窗口中，在对应的"Part"下找到"Features"，鼠标右键单击选择"Draw Features"，弹出"CAD-To-Path"窗口，或者单击工具栏中的"Draw Features On Parts"按钮 ，弹出"CAD-To-Path"窗口，如图 8-20 所示。

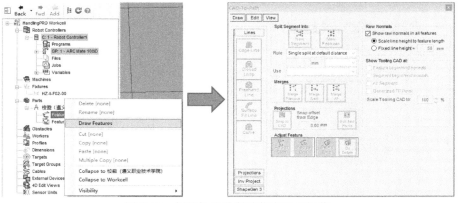

图 8-20　打开轨迹绘制功能窗口的操作

（2）激活画线功能

鼠标单击工件，激活画线功能，激活之后的工件高亮显示。

（3）校徽外圆轮廓起点捕捉

首先绘制"校徽外圆"轮廓部分的路径，单击"Closed Loop"按钮，将光标移动到模型上,模型的局部边缘高亮显示。图 8-21 中较长的竖直线是鼠标捕捉的位置。移动鼠标时黄线的竖直长线位置随之发生变化,将其调整到一个合适位置后,单击确定路径的起点位置,然后将光标放在此平面上,出现完整轨迹路径的预览,如图 8-22 所示。

图 8-21 捕捉外圆轮廓轨迹路径起始点预览

图 8-22 外圆轮廓完成轨迹路径预览

图 8-23 外圆轮廓完整轨迹路径的生成

(4) 生成外圆轮廓完整轨迹路径

双击鼠标左键,确定生成轨迹路径,此时模型的轮廓以较细的高亮黄线显示,并产生路径的行走方向,如图 8-23 所示。

(5) 特征轨迹设置

生成轨迹路径的同时,会自动弹出一个设置窗口,如图 8-24 所示。这样一个完整的路径称为特征轨迹,用"Feature"来表示,子层级轨迹用"Segment"来表示,其目录会显示在"Cell Browser"窗口中对应的"Parts"模型下,如图 8-25 所示。Segment 是 Feature 的组成部分,一个 Feature 可能含有一个或者多个 Segment。

图 8-24 特征轨迹设置窗口

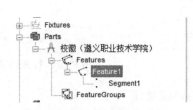

图 8-25 特征轨迹结构目录

(6) 程序转化

① 在弹出的特征轨迹设置窗口中选择"General"(常规)选项卡,将程序命名为

"WAIYUAN",选择工具坐标系 1 和用户坐标系 1,单击"Apply"按钮完成设置,如图 8-26 所示。

② 切换到"Prog Settings"(程序设置)选项卡,参考图 8-27 设置动作指令的运行速度和定位类型,单击"Apply"按钮完成设置。

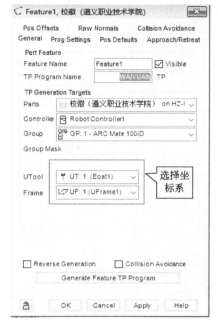

图 8-26 程序属性设置面板

图 8-27 程序指令设置面板

在"指令的运行速度"设置项目中,勾选下方的"Indirect"间接选项,速度值将会使用数值寄存器的值。如果程序上传到真实机器人中运行,其速度修改将极为方便。

③ 切换到"Pos Defaults"(示教位置默认)选项卡下进行关键点位置和姿态的设置,如图 8-28 所示。

注:设置面板中坐标系蓝色箭头(竖直方向)"Normal to surface"的方向为模型表面点的法线方向,与右边模型中黄色线的指向相同,每根黄色线都对应着一个关键点。由于本任务中机器人工具坐标系的方向保持默认,所以工具坐标系的-Z 轴向与图 8-28 所示蓝色箭头相同。黄色箭头"Along the segment"指的是路线的行进方向,设置+X 表示工具坐标系 X 轴正方向与行进方向一致。

"Fixed tool spin,keep normal"表示 TCP 在行进过程中,工具坐标系的 X 轴始终指向一个方向。如果选择"Change tool spin along path,keep normal",则工具坐标系的 X 轴的指向会跟随行进方向的变化而变化。

关键点控制设置为"Fixed Distance Along the Feature",表示将一条复杂的轨迹划分成很多直线,直线越短,轨迹的平滑度也就越高,但是关键点的数量也就越高,最终的程序会越大。如果选择"Standard Generation & Filtering",则软件将会用圆弧和直线去识别轨迹,但是由于轨迹极不规则,这种方式很容易导致检测不正常,造成最终程序的轨迹偏离。

④ 切换到"Approach/Retreat"(接近点/离去点)选项卡下进行接近点和离去点的设置,如图 8-29 所示。

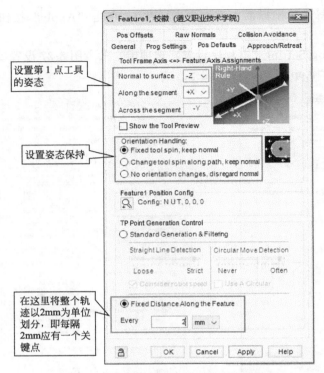

图 8-28 示教位置默认工具姿态设置面板

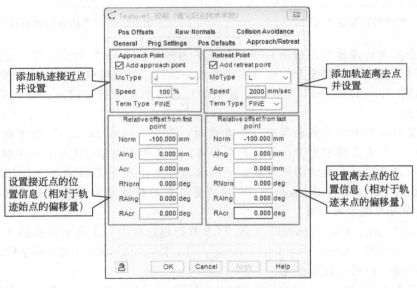

图 8-29 接近点、离去点设置面板

勾选"Add approach point"(添加接近点)和"Add retreat point"(添加离去点)选项,设置动作指令的动作类型全部为直线,速度设置为"2000",定位类型不变,设置点的位置为"-100"。单击应用后,轨迹旁会出现接近点和离去点,由于这条轨迹的首尾相接,所以这两点位置重合,如图 8-30 所示。

⑤ 返回到"General"(常规)选项卡,单击"General Feature TP Program"生成机器

人程序，如图 8-31 所示。

图 8-30　接近点和离去点

图 8-31　常规设置选项卡

⑥ 单击工具栏中的"CYCLE START"按钮或者用虚拟 TP 试运行"WAIYUAN"程序。

⑦ 按照以上的步骤生成"校徽内圆"部分的程序、"标志"部分的程序、"英文单词"部分的程序、"遵义职业技术学院"边框的程序、"遵义职业技术学院"文字部分的程序，分别是"NEIYUAN""LOGO_01""LOGO_02""Z""U""N1""Y""I1_01""I1_02" "V""O1_01""O1_02""C1""A1_01""A1_02""T1""I2_01""I2_02""O2_01" "O2_02""N2""A2_01""A2_02""L1""A3_01""A3_02""N3""D_01""D_02" "T2""E1_01""E1_02""C2""H""N4""I3_01""I3_02""C3""A4_01""A4_ 02""L2""C4""O3_01""O3_02""L3""L4""E2_01""E2_02""G_01""G_02" "E3_01""E3_02""WENZIBIANKUANG""ZUN_01""ZUN_02""ZUN_03" "ZUN_04""YI_01""YI_02""ZHI_01""ZHI_02""ZHI_03""ZHI_04""ZHI_ 05""ZHI_06""ZHI_07""YE_01""YE_02""YE_03""YE_04""JI_01""JI_ 02""JI_03""JI_04""JI_05""SHU_01""SHU_02""SHU_03""SHU_04" "SHU_05""SHU_06""XUE_01""XUE_02""XUE_03""XUE_04""YUAN_ 01""YUAN_02""YUAN_03""YUAN_04"。

（7）创建主程序

在虚拟 TP 中创建一个主程序"PNS0001"，用程序调用指令将这些子程序整合，形成一个完成的程序，如图 8-32 所示。

步骤 9　真实工作站的调试运行

① 参照任务五将主程序与子程序从软件中导出并上传到机器人中。
② 仿真机器人和真实机器人所用的工具坐标系和用户坐标系要一致，坐标系号都是 1。
③ 将机器人的工具坐标系 1 的坐标原点设置在笔型工具的笔尖，坐标系方向不变。

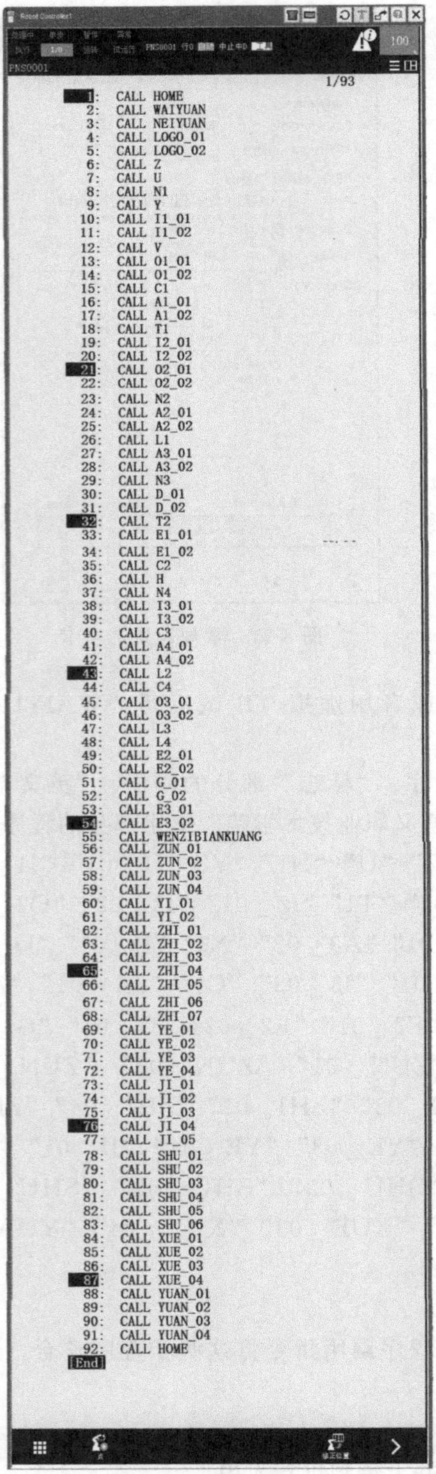

图 8-32 主程序

图 8-33 正在写字的机器人

④ 准备一块面积较大、平整度良好的板材，参考仿真文件中画板的位置进行放置，不必考虑平面是否水平。

⑤ 将机器人的用户坐标系 1 设置在板材上，坐标系方向基本不变，原点位置在板材的左上部分，坐标系 XY 平面必须与板材平面重合。

⑥ 运行 PNS0001 主程序，如图 8-33 所示。真实的工作站正在书写，汉字的尺寸和样式与软件中的模型轮廓完全一致。

步骤 10　测试运行程序

单击工具栏中启动运行按钮 ▶，测试运行仿真程序。

步骤 11　视频录制

打开运行控制面板，单击 按钮可以开始录制视频，单击旁边下拉箭头可以选择"AVI Record"和"3D Player Record"录制，该任务选择"3D Player Record"录制。

步骤 12　保存工作站

单击工具栏上的保存按钮 ，保存整个工作站。

至此，轨迹绘制离线仿真完成。该任务参考评分标准见表 8-1。

表 8-1　参考评分表

序号	考核内容（技术要求）	配分	评分标准	得分情况	指导教师评价说明
1	机器人工程文件创建	10 分	仿真模块选择(5 分) 机器人选择(5 分)		
2	创建轨迹仿真工作站	10 分			
3	轨迹曲线与路径的规划	20 分	轨迹曲线的创建(10 分) 路径的规划(10 分)		
4	程序设置	20 分			
5	创建仿真程序	10 分	TP 程序创建(5 分) 仿真程序编辑器创建(5 分)		
6	仿真演示	10 分			
7	程序修正	10 分			
8	程序输出	10 分			

学后测评

任务总结

本任务对遵义职业技术学院校徽轨迹工作站的创建、编程及现场调试运行进行了详细介绍，使读者学会使用离线编程"CAD-To-Path"（模型—程序）转化功能中的 Lines（画线模块）来捕捉校徽各个模型边缘线上的点作为程序的关键点并自动规划、创建轨迹程序，最后成功将生成的离线程序与真实写字机器人工作站结合调试，从而突显离线编程相比于在线示教编程编写复杂轨迹线的优势，极大地缩短绘图或写字机器人的工作时间，提高机器人的使用效率。

学后测评

如图 8-34 所示，仿照真实的工作现场在软件中建立一个虚拟工作站。工作站选用

FANUC R-2000iC/165F 型机器人,完成"LOGO"的轨迹绘制离线仿真。

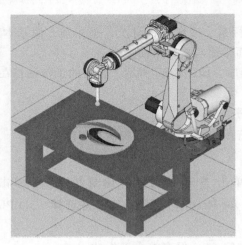

图 8-34　仿真工作站创建

任务九
球面工件打磨离线仿真

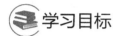 学习目标

知识目标：
1. 了解 CAD-To-Path（模型—程序）转换功能；
2. 学会打磨工程轨迹的范围和位置设置方法；
3. 学会工程轨迹向程序转换的方法。

技能目标：
1. 掌握"CAD-To-Path"（模型—程序）转换功能的程序修改方法；
2. 掌握离线程序与真实机器人的结合调试方法。

 任务学习

一、知识链接

磨削加工：对工件的表面进行精加工，使其在精和表面粗糙度等方面达到设计要求的工艺过程。按磨削精度分粗磨、半精磨、精磨、镜面磨削、超料加工。

粗磨：对工件表面进行粗加工，表面粗糙度 Ra 为 $10\sim1.25\mu m$；

精磨：对工件表面进行精磨，去除粗磨留下的划痕，为抛光、电镀加工作准备，精磨精度可达到 Ra 为 $0.4\sim0.2\mu m$；

去毛刺：清除工件已加工部位周围所形成的刺状物或飞边。

加工在生产过程中，很多铸件要人工去毛刺，不仅费时，打磨效果不好，效率低，而且操作者的手还常常受伤。去毛刺工作现场的空气污染和噪声会损害操作者的身心健康。随着国内制造业的升级转型以及人口红利逐渐消失，机器人行业正迎来高速发展时期。而工件表面打磨抛光技术被广泛应用到卫浴、五金和 IT 等行业。传统手工打磨抛光存在打磨抛光质量不稳定、效率低、产品的均一性差和自动化程度低等问题。因此，对打磨抛光机器人的研究引起了许多国内外高校、研究机构和一些公司的广泛关注。打磨抛光机器人能够实现高效率、高质量的自动化打磨，正慢慢地被一些公司用以代替人工打磨。但影响机器人打磨抛光的质量因素很多，如磨砂带的型号、抛光轮的材质、工业蜡的使用，而控制打磨工具末端的力度和加工轨迹是确保打磨工件质量很重要的途径。

打磨机器人的工作原理：整个打磨机器人由双工作台和三维直角坐标机器人组成。其中双工作台的工作原理和加工中心的双工作台原理相似。一个工位上的毛坯件被打磨过程中，操作员可以把另一工位上已打磨完的零件取下，然后装上另一毛坯。每个工作台上的工装可以把零件转动 180°，这样能对毛坯的四个面进行打磨。另外可用三维机器人，其中 Z 轴

（上下运动轴）上带有气动砂轮。通过编程可以使砂轮按要求的轨迹和速度对毛坯进行打磨。也可以采用示教方式编程，通过手动打磨，系统自动记录下运行的轨迹和速度。打磨机器人大致可以分为工具型打磨机器人（机器人通过操纵末端执行器固连打磨工具，完成对工件的打磨加工）、工件型打磨机器人（是一种通过机器人抓手夹持工件，把工件分别送到各种位置固定的打磨机床设备，分别完成磨削、抛光等不同工艺的打磨机器人自动化加工系统）、机器人+磨床型打磨机器人。本任务主要采用工具型打磨机器人来实现离线编程与仿真设计。

CAD-To-Path 的轨迹生成功能中主要有 2 大模块：Lines（画线模块）和 Projections（工程轨迹模块）。画线模块前面已做介绍。工程轨迹模块是软件预设的工件表面加工轨迹线条，包括 W 形往返、U 形往返和矩形往返路径等。工程轨迹模块下的线条可附着于工件的表面，即使是带有起伏的非平面，也可以很好地贴合，从而形成程序的轨迹路径。

Projections 提供了 6 种样式的工程轨迹线，分别是 W 形、三角形、X 形、Z 形、矩形、U 形轨迹（见图 9-1）。整个轨迹就是在一个区域内进行有规律的往复运动，并且轨迹能自动贴合工件的外表面。在非平面的情况下，工件上不同位置的点的法线方向在不断变化，工程轨迹也能通过软件的自动规划，自动计算出机器人的工作姿态。

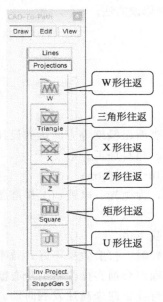

图 9-1　工程轨迹模块

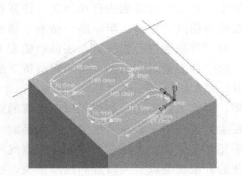

图 9-2　工程轨迹中的 U 形往返路径

以图 9-2 所示的 U 形往返轨迹为例，整个轨迹的所有点处于一个三维空间中，Z 方向与 U 形线的振动方向一致，表示其波峰与波谷的距离；Y 方向与 U 形线的排列方向一致，也是整个工程轨迹区域的宽度，决定着往返的次数；X 方向与 YZ 平面垂直，表示工程轨迹整体的深度。整个轨迹路径在 YZ 平面上遵循 U 形往返轨迹，在 X 方向上则贴合于模型的表面。

这种编程方式在工件打磨、去毛刺等工件表面加工的应用上极为方便，解决了手工示教难以实现的复杂轨迹编程，并且节省了大量的工作时间，实现了加工程序的快速编程、精确调节、易于修改的良好生态。

二、任务描述

仿照真实的工作现场在软件中建立一个虚拟工作站。在此工作站上，在球形工件的表面一部分区域内对其进行打磨，之后生成打磨的轨迹程序，并进行仿真运行展示。这里打磨机器人的型号为 FANUC M10iD/12，打磨工具安装在机器人末端法兰盘上，如图 9-3 所示。

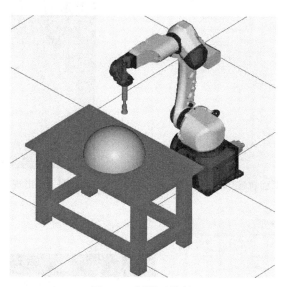

图 9-3　打磨工作站

打磨工作站
离线仿真

仿真动画

创建机器人
工作站

设置打磨工
程轨迹路径

三、关键设备

安装 ROBOGUIDE 软件的电脑一台。

四、工作站的创建与仿真动画

任务实施

步骤 1　构建机器人工作站

① 创建机器人工程文件，选取的机器人型号为 M10iD/12。

② 将工作台以 Fixture 的形式导入，工作台选择软件自带模型库中的 Table-With-legs，并调整好位置。

③ 导入打磨工具作为机器人的末端执行器，从软件自带模型库中选取（"Obstacles"→"chamferings"→"Deburr_Tool02"），并调整好位置，将工具坐标系的原点位置设置在打磨工具的末端。

④ 将球形工件模型以 Part 的形式导入，关联到 Fixture 模型上，并调整好大小和位置。

步骤 2　轨迹编辑

（1）选择轨迹投影模式

在工具栏中单击 图标，弹出"CAD-To-Path"特征窗口，选择"Projections"工程模块，如图 9-4 所示。单击工件，激活工程轨迹模块功能，选择 U 形轨迹，将光标移动到工件模型上，单击鼠标左键出现一个白色的立方体边框，如图 9-5 所示。

(2) 工程轨迹设置窗口打开途径

移动鼠标，任意给定一个长度和宽度，双击鼠标左键，边框变为高亮的黄色，并弹出工程轨迹设置窗口，如图9-6所示。

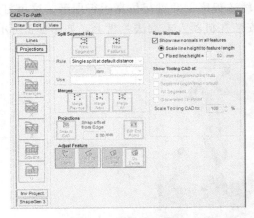

图9-4 工程轨迹窗口

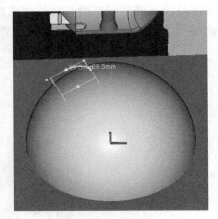

图9-5 出现白色立方体边框

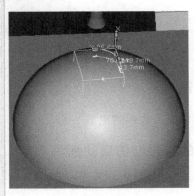

图9-6 边框高亮显示并弹出设置窗口

(3) 设置工程轨迹投影参数

打开"Projection"投影选项卡进行工程轨迹的设置，如图9-7所示。

首先工程轨迹之所以可以贴合异形表面，就是因为整个轨迹的范围是一个立体空间，X方向表示深度方向，Y方向表示U形线的重复排列方向，Z方向表示单个U形线的振动往返方向。

轨迹的密度就是在固定的Y方向范围内U形线的重复次数。"Index Spacing"表示相邻两条线的索引间隔，数值越小、密度越高，计算的索引间隔越小，生成的点与行程越多，ROBOGUIDE的操作可能会变得异常迟缓。这里将索引间隔设置为16mm，将Size尺寸高度更改为200mm，宽度设为200mm，深度设为200mm。设置好的轨迹投影参数如图9-7所示，对应的轨迹如图9-8所示。

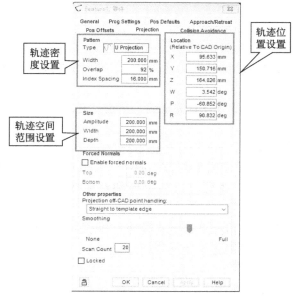
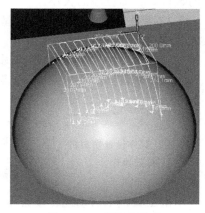

图 9-7 工程轨迹投影设置窗口　　　　图 9-8 工程轨迹路径

步骤 3　程序的设置

① 程序的设置和任务八中的过程基本是相同的,已经描述的过程这里不再重复。首先切换到"Prog Settings"程序设置选项卡,如图 9-9 所示。

在此之前需预先设置几个需要调用的程序,"HOME"程序为机器人回到安全位置的程序,"POLISHI_START"和"POLISHI_END"是控制打磨工具动作的程序。按照图 9-8 的设置,直接用轨迹程序来调用其他程序,这样一来就不需要另外创建主程序将轨迹程序和

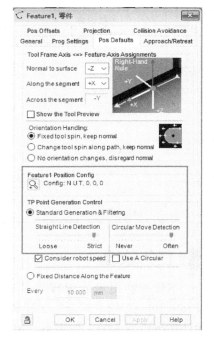

图 9-9　程序调用的设置　　　　　图 9-10　轨迹分段组成的设置

其他程序进行整合，精简程序的数量。

② 切换到"Pos Defaults"选项卡下，如图 9-10 所示。

与汉字轨迹使用不同的是，这里采用直线检测和圆弧检测，而不是采用直线单位划分轨迹的方法。因为球面的轨迹是规则的圆弧，所以软件可以做到精确识别，同时又能减少关键点的数量，精简程序的大小。

③ 参考任务八的内容，设置程序的其他项目。所有设置完成后，单击"Apply"按钮确认，并生成程序。

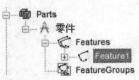

图 9-11　程序设置窗口的打开操作

步骤 4　程序的修改

如果试运行后发现程序需要修改，打开"Cell Browser"窗口，在"Parts"模块下，找到对应的工件和对应的轨迹"Feature1"，双击打开设置窗口，如图 9-11 所示。

修改完成后务必单击"Apply"按钮，再单击"Generate Feature TP Program"按钮重新生成程序。

步骤 5　测试运行程序

单击工具栏中启动运行按钮 ▶，测试运行仿真程序。

步骤 6　视频录制

打开运行控制面板，单击 按钮可以开始录制视频，单击旁边下拉箭头可以选择"AVI Record"和"3D Player Record"录制，该任务选择"3D Player Record"录制。

步骤 7　保存工作站

单击工具栏上的保存按钮 ■，保存整个工作站。

至此，球面工件打磨离线仿真完成。该任务参考评分标准见表 9-1。

表 9-1　参考评分表

序号	考核内容（技术要求）	配分	评分标准	得分情况	指导教师评价说明
1	构建工作站	10 分			
2	路径规划	10 分			
3	程序设置	30 分	动作指令规划(10 分) 姿态规划(10 分) 关键点控制规划(10 分)		
4	仿真演示	10 分			
5	程序修正	30 分			
6	程序输出	5 分			
7	保存工作站	5 分			

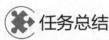任务总结

本任务利用离线编程软件中的"CAD-To-Path"（模型—程序）这一转换功能，在"Projections"的"U 形"工程轨迹下将球面工件上不同位置的点通过软件的自动规划，自动计算出机器人的工作姿态，使得打磨过程中整个轨迹能够自动贴合在球面工件的外表面进行有规律的往复运动，解决了手工示教编程难以实现的复杂轨迹编程，节省了大量的工作时

间,从而实现了加工程序的快速编程、精确调节、易于修改的良好生态。

 学后测评

如图 9-12 所示,在 ROBOGUIDE 软件中建立一个虚拟工作站。工作站实现对工件棱边轮廓的打磨,要求采用离线的方式进行编程。

学后测评
创建流程

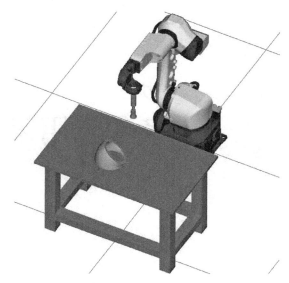

图 9-12 去毛刺简易工作站

模块三
综合应用篇

任务十
分拣搬运工作站离线编程仿真

学习目标

知识目标：
1. 掌握复杂分拣搬运仿真工作站的布局与搭建方法；
2. 掌握复杂分拣搬运中常用的 I/O 配置方法；
3. 掌握工具的动作控制方法；
4. 掌握多工具并联创建的综合运用方法。

技能目标：
1. 能够创建分拣搬运工作站；
2. 能够利用模型替代法创建工具；
3. 能够利用程序切换工具模块实现不同的搬运；
4. 能够利用虚拟电机使工件进行运动；
5. 能够通过仿真指令控制虚拟电机上工件的显示和隐藏。

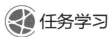任务学习

一、知识链接

1. 分拣搬运仿真工作站组成

① 工具架和工具。工具架模型与工作站基座模型作为一个整体导入到 ROBOGUIDE 的 Fixtures 模块下，其目的主要是精简模型的数量，如图 10-1 所示。如果需要调整工具架相对于基座的位置，必须首先利用制图软件将工具架的三维模型分拆出来，再单独放到 Fixtures 模块下。

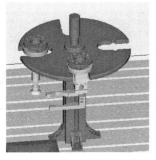 

图 10-1　工具架及工具　　　　　图 10-2　快换接头

快换接头（见图 10-2）利用螺栓固定在机器人的法兰盘上，利用气动锁紧装置实现夹

爪工具和吸盘工具的拾取。在仿真工作站中，快换接头模型属性始终是工具（Tooling）模块。接头拾取夹爪工具与吸盘工具，实际上就是一种变相的工件搬运工具，只不过搬运的对象不是常见的物料块模型，而是工具模型。

夹爪工具和吸盘工具在本仿真工作站中都具有两个角色：一个是充当快换接头拾取的对象，另一个是担任搬运物料的工具。因为这种特殊性，夹爪和吸盘就具有两个模块属性：一个是位于 Parts 模块下的工件属性，另一个是位于 Tooling 模块下的工具属性。

图 10-3 所示为夹爪和吸盘的整体模型，二者应放置于工具架上。在夹爪工具模型导入 Parts 模块之前，应用制图软件将两个手指调成打开的状态，即间距较大的状态。工具架上的工具模型的属性是 Part，而不能是 Tooling，因为在仿真的环境下，只有 Part 形式的模型才能被拾取。

图 10-4 所示为安装在机器人上的工具模型，但此处的夹爪和吸盘并不是通过链接的方式安装在快换接头上，而是夹爪或吸盘与快换接头作为一个整体模型导入 Tooling 模块。实际上，夹爪工具的情况要比吸盘工具复杂些，因为吸盘在搬运物料时的状态不变，故一个模型文件就足够了。但是夹爪有开与合两种状态，这就需要两个模型进行交替显示，从而实现两个手指的开合。

图 10-3 Parts 模块下的工具图

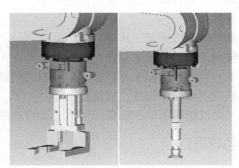

图 10-4 Tooling 模块下的工具

② 分拣平面托盘。平面托盘（见图 10-5）的模型属性为 Fixture，可以与工作站基座作为一个整体导入。但是如果立体料库、基座、平面托盘都是同一模型，在关联物料 Part 时就会出现冲突。因为立体料库已经关联了 Part，相当于平面托盘关联过了。所以建议将平面托盘模型分拆出来单独导入，或者在托盘的附近创建一个隐藏的 Fixture，将物料关联到隐藏的模型上。

图 10-5 分拣平面托盘

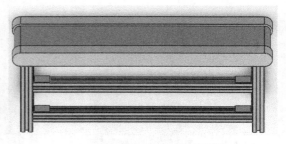

图 10-6 传送装置

③ 传送装置。传送带模型及其附件与工作站基座是一体模型（见图 10-6），并且其本身的皮带也无法转动。要实现物料在传送带上做直线运动，同样需要创建虚拟电机，通过机器

人的数字信号控制。

④ 料井。料井模型与工作站基座是一个整体，当然也可以拆分进行单独导入，但是在没有特殊要求的情况下尽量减少模型的数量。

机器人夹爪从传送带上拾取的物料块会依次投放到料井中，根据拾取的物料形状分别投放到三角形料井、圆形料井、长方形料井中，如图10-7所示。整个过程涉及物料的6次运动，6次运动都是物料自由落体运动。要实现这6次运动，需要在Machines模块下创建虚拟直线电机，通过机器人的数字信号进行控制，携带物料进行运动。

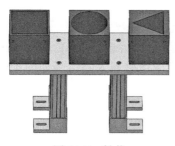

图 10-7　料井

⑤ 物料。物料是垂直投影为圆形、正方形和三角形的3种形状的模型，始终属于Parts模块。物料关联的位置有立体料库、传送带直线电机、料井自由落体直线电机平面托盘、夹爪工具和吸盘工具。

2. 预测难点分析

① 机器人拾取工具后抓取物料过程。夹爪工具和吸盘工具会出现在2个地方：一个是工具架上；另一个是快换接头，也就是机器人上。以夹爪工具为例，在任务六中，仿真搬运的情况比较简单，夹爪模型是直接作为工具模型（Tooling）被安装在机器人上的，仿真过程中工具直接抓取物料（Part）；但本任务中则是快换接头工具（Tooling）抓取夹爪工具（Part）以后，再抓取物料（Part）的过程。但是在ROBOGUIDE中，用已经携带Part的工具去抓取另一个Part是不可能实现的，因为在搬运仿真过程中，一个工具不可能同时搬运两个Part模型文件。

② 虚拟直线电机动作前和动作完成后物料显示的问题。以传送带传送物料从始端至末端、机器人将物料抓取投进料井过程为例，传送过程中物料在传送带直线电机上运动，抓取时物料在机器人的末端执行器吸盘上。机器人抓取第一个物料投放到料井时，传送带直线电机末端的物料块应该消失。但事实上如果按照一般的设置和编程，传送带直线电机上末端的物料会一直存在，并且机器人抓取物料传送过程中也不会有物料显示，不能满足仿真的基本要求。

本任务将会在之前学习内容的基础上详细地讲解整个仿真流程，包括工作站的搭建、仿真的设置、程序的创建和运行，让大家更深入地了解并掌握搬运模块的仿真功能。针对可能出现的难点，在实际实施的过程中通过前后的连接和对比，寻求办法与总结经验。

二、任务描述

仿真分拣工作站具体由工业机器人、工具架及末端执行器、平面托盘及物料块、料井、传送装置组成，如图10-8所示。工作站选用FANUC LR Mate 200iD/4S 迷你型搬运机器人，使用夹爪工具和吸盘工具实现物料的搬运与分拣。

三、关键设备

安装ROBOGUIDE软件的电脑一台。

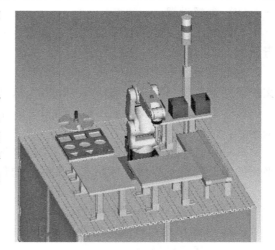

图 10-8　仿真分拣工作站

分拣搬运
离线仿真

仿真动画

四、工作站的创建与仿真动画

任务实施

步骤1 创建分拣工作站

构建工作站的基础要素就是搭建一个工作站的雏形，包括创建初始机器人工程文件、搭建Fixtures模型和导入Parts模型。

1. 创建工程文件及基本设置

（1）创建机器人工程文件

选择搬运模块将其命名为"分拣搬运工作站离线编程仿真"，然后选择"LR Handling Tool"搬运软件工具，选用FANUC LR Mate 200iD/4S迷你型搬运机器人，结果如图10-9所示。

创建工程
文件及基本
设置

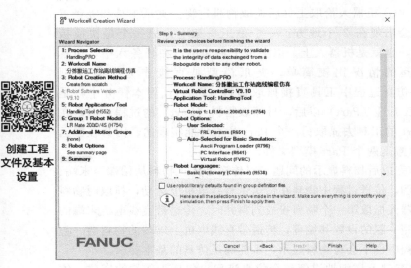

图10-9 工程文件的创建

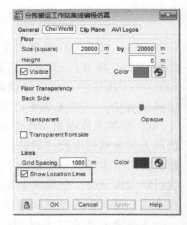

图10-10 工程文件属性设置界面

（2）常规设置

首先对工程文件进行常规设置，调整软件界面的显示状态，简化界面以提高计算机的运行速度。

执行菜单命令"Cell"→"Workcell"→"分拣搬运工作站离线编程仿真"，打开工程文件属性设置窗口，选择"Chui World"选项卡，如图10-10所示。

Size（square）：设置平面格栅的尺寸。平面格栅为正方形，数字后的单位是国际单位毫米。

Height：设置平面格栅的高度。工程文件默认的界面中，平面格栅的中心与机器人底座平面的中心都位于界面坐标原点，此原点的位置不可更改。

Visible：设置平面格栅是否可见。

Color：设置平面格栅的颜色。

Back Side：设置平面格栅背面的透明度。平面格栅的上方为正面，下方为背面；滑块从左向右，透明度增加。

Transparent front side：设置平面格栅正面是否透明。

Grid Spacing：设置平面格栅中每个小方格的边长，后方的单位为毫米。

Color：设置格栅线条的颜色。

Show Location Lines：设置 TCP 相对于工程界面坐标原点的位置信息线是否可见，勾选情况下可见，如图 10-11 所示。

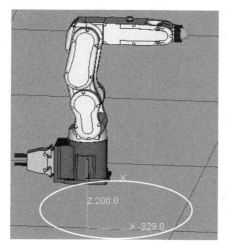

图 10-11　TCP 位置信息显示

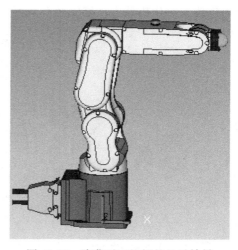

图 10-12　隐藏平面格栅的显示效果

将"Visible"与"Show Location Lines"选项取消勾选，隐藏平面格栅与 TCP 位置信息显示线。设置完成的界面如图 10-12 所示，界面精简的同时提高了计算机的运行速度。

（3）机器人属性设置

在工程界面中双击机器人模型，打开机器人属性设置窗口，选择"General"选项卡，取消勾选"Edge Visible"，单击"Apply"按钮完成设置。

2. 搭建 Fixtures 模型

（1）导入工作站主体

打开"Cell Browser"窗口，在 Fixtures 模块下导入"工作站主体.IGS"模型作为工作站的基座，调整至合适位置。

（2）导入机器人底座

打开"Cell Browser"窗口，在 Fixtures 模块下导入"机器人底座.IGS"模型，将其颜色更改为深灰色，拖动机器人底座模型，使其正确安装在工作站主体合适位置，如图 10-13 所示。

工装的创建与设置

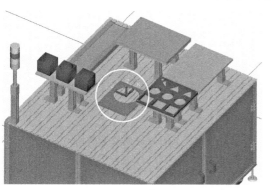

图 10-13　机器人底座安装位置

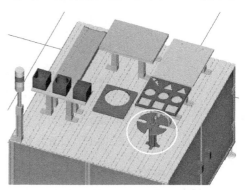

图 10-14　工具架安装位置

(3) 导入工具架

打开"Cell Browser"窗口，在 Fixtures 模块下导入"工具架.IGS"模型，将其颜色更改为深灰色，使其正确安装在工作站主体合适位置，如图 10-14 所示。

(4) 调整机器人位置

拖动机器人，让机器人正确安装在机器人底座上，如图 10-15 所示。

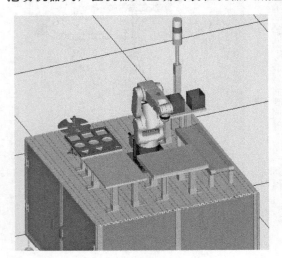

图 10-15　机器人安装位置

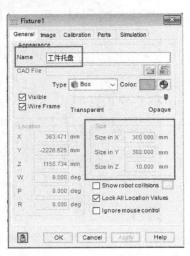

图 10-16　"工件托盘设置窗口"

(5) 导入隐形托盘

工件的创建与设置

在 Fixtures 模块下再创建一个"Box"，将其命名为"工件托盘"；调整"Size"中的长、宽、高的数值，分别设置为 300、300、10（尺寸尽量小于工件托盘模型，可以将其很好地隐藏到模型里）；用鼠标调整"Box"的位置与基座自带的托盘模型重合，将"Box"隐藏到模型之中；为了避免模型重面造成的破面，勾选"Wire Frame"选项显示线框；最后勾选"Lock All Location Values"选项锁定"Box"模型的位置，如图 10-16 所示。

设置完成后，"Box"以线框的样式被放进平面托盘中。这个托盘将作为分拣后物料的目标载体模型（见图 10-17）。此时在"Cell Browser"窗口的工程文件配置结构图如图 10-18 所示。

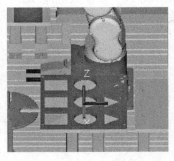

图 10-17　设置完成后的效果

图 10-18　Fixtures 模块结构树

3. Part 模型的导入和关联设置

本任务共用到 5 个 Part 模型文件，分别是圆形物料、三角形物料、正方形物料、夹爪工具和吸盘工具，如图 10-19 所示。但是仅仅导入 Part 模型是没有任何意义的，这些模型必须要和其他模型进行关联，将它们添加到不同的地方才能用于后续的仿真。物料模型需要添加到料井（料井与工作站基座属于同一模型）和平面托盘上（托盘模型），工具模型需要添加到工具架上。

图 10-19　Part 模型

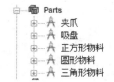
图 10-20　Part 模块结构树

（1）导入"Part"模型

打开"Cell Browser"窗口，在 Parts 模块下依次导入"三角形物料.IGS""圆形物料.IGS""正方形物料.IGS""夹爪.IGS""吸盘.IGS"模型文件。

（2）设置"Part"基本信息

在弹出的 Part 属性窗口依次设置各模型的基本信息。将模型文件依次命名为"三角形物料""圆形物料""正方形物料""夹爪""吸盘"，以便后续选择操作；单击"Color"后方的圆形色块图标，将所有模型更改一个鲜明的颜色，这样做的目的是在视觉感官上区别于其他模型；其他选项保持默认。模型全部导入后，"Cell Browser"工程文件配置结构如图 10-20 所示。

（3）"Parts"模型关联设置

① 在"Cell Browser"窗口中的 Fixtures 模块下双击"工具架"，或者直接在三维视图中双击工作站上的"工具架"，打开其属性设置窗口，选择"Parts"选项卡，如图 10-21 所示。同时勾选"夹爪"和"吸盘"工具，单击"Apply"按钮确认，将其关联至"工具架"，关联完成后再单击某个 Part（比如"夹爪"），再勾选"Edit Part Offset"选项调整"夹爪"在"工具架"上的位置，调整完毕后单击"Apply"按钮。用同样的方法选中"吸盘"，再勾选"Edit Part Offset"选项调整"吸盘"在"工具架"上的位置，最后的结果如图 10-22 所示。

图 10-21　Parts 关联到 Fixtures 的设置窗口

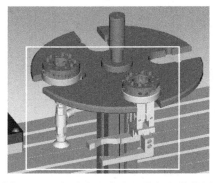
图 10-22　夹爪和吸盘在工具架上的位置

② 在"Cell Browser"窗口中的 Fixtures 模块下双击"托盘",打开其属性设置窗口。按照"工具架"添加 Part 模型的方法,将 3 个物料模型添加到"托盘"上,并调整好位置。最终结果如图 10-23 所示。

步骤 2 创建工具与设置仿真(模型替代法)

在创建工具之前,首先分析本任务中机器人参与的搬运过程(传送带的传送也可称为搬运)都有哪些,参考搬运的过程来决定工具的使用。

机器人搬运夹爪工具和吸盘工具:从机器人拾取工具到最后放下工具,虽然拾取与放下的位置不变,但确实是一种搬运过程。此时使用的工具是快换接头。

图 10-23 托盘上的 Part 模型

机器人搬运物料从平面托盘到传送带上:此时使用的工具有夹爪和吸盘工具(实际上是快换接头与夹爪、吸盘工具的结合体)。

机器人搬运物料从传送带的末端到料井口:此时使用的工具是吸盘工具(实际上是快换接头与吸盘工具的结合体)。

由此得出结论,在工程文件中需要设置 3 个不同的工具,并分别定义快换接头为工具 1,吸盘工具(快换接头与吸盘结合体)为工具 2,夹爪工具(快换接头与夹爪结合体)为工具 3,如图 10-24 所示。另外,在一个机器人上,最多可同时设置 10 个不同的工具,而且每个工具都拥有自己的工具坐标系。

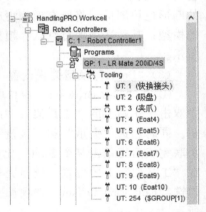

图 10-24 工具模块结构图

1. 创建快换接头与设置仿真

(1) 添加快换接头

在"Cell Browser"窗口中双击"UT:1",进入工具的属性设置窗口,选择"General"选项卡,如图 10-25 所示。

快换接头的创建与设置

由于本任务中工具较多,为了增加辨识度,将此工具命名为"接头"。单击"CAD File"右侧的文件夹图标,打开计算机存储目录,添加外部快换接头模型。

图 10-25 工具属性设置窗口   图 10-26 快换接头的正确安装状态

由于制图软件坐标设置的问题，在工具模型导入后，可能出现错误的位置和姿态。修改"Location"中的数值并配合鼠标直接拖动，将快换接头调整到正确的安装位置上，如图 10-26 所示。调整完毕后，勾选"Lock All Location Values"选项锁定快换接头的位置数据。

（2）设置工具 1 坐标系

切换到"UTOOL"选项卡，设置工具 1 的工具坐标系。在这里需要将工具坐标系的原点设置在快换接头的下边缘，坐标系的方向保持不变。

勾选"Edit UTOOL"编辑工具坐标系选项，将鼠标放在坐标系的 Z 轴上，按住并向下拖动至图 10-27 所示的位置，调整完成后单击"Use Current Triad Location"按钮应用当前位置。

（3）关联夹爪工具至快换接头

在工具 1 属性设置窗口，切换到"Parts"选项卡下，在列表中勾选"夹爪"工具，单击"Apply"按钮将其添加到工具上。单击列表中的"夹爪"，然后勾选"Edit Part Offset"选项编辑夹爪在快换接头上的位置。"P"值为"90"，使其绕 Y 轴旋转 90°，再配合鼠标拖动调整夹爪的位置，取消勾选"Visible at Teach Time"（示教时显示）。调整完成后单击"Apply"按钮，最终的效果如图 10-28 所示。

图 10-27　工具坐标系 1 的原点位置

（4）关联吸盘工具至快换接头

按照给快换接头工具添加夹爪工具 Part 模型的方法，将吸盘工具 Part 模型也添加到接头工具上，完成后如图 10-29 所示。

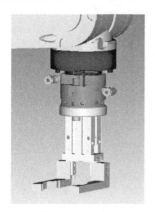 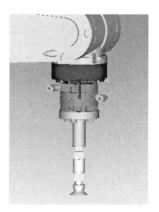

图 10-28　快换接头拾取夹爪的正确状态　　图 10-29　快换接头拾取吸盘的正确状态

吸盘的创建与设置

2. 创建吸盘及设置仿真

（1）添加吸盘工具

双击"Cell Browser"窗口中的"UT：2"，或者其他的未设置的工具，打开其属性设置窗口。按照创建快换接头的方法，创建吸盘工具的整体模型（接头与吸盘），并将此工具重命名为"吸盘"，如图 10-30 所示。

需要注意的是，此处的吸盘工具与前面的"吸盘"不同。在前面步骤中，快换接头是工具（Tooling）模块，吸盘是工件（Parts）模块；而这里的快换接头与吸盘将作为一个整体模型被导入到工具模块下，直接安装在机器人的法兰盘上，如图 10-31 所示。

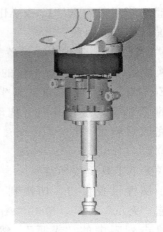

图 10-30 工具 2 属性设置窗口　　　　图 10-31 接头与吸盘整体导入

（2）设置吸盘工具 2 坐标系

将吸盘工具的工具坐标系原点设置在吸嘴的位置（模型的最下方），工具坐标系的方向保持不变，如图 10-32 所示。

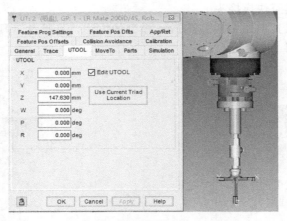

图 10-32 工具坐标系 2 的原点位置

夹爪的创建与设置

（3）关联工件模型

给吸盘添加 Part 模型文件，将圆形物料、三角形物料和正方形物料关联到吸盘工具上，并调整好位置，取消勾选 "Visible at Teach Time"（示教时显示）。

物料添加并设置完成后的最终状态如图 10-33 所示。

3. 创建夹爪及设置仿真

夹爪的创建及设置方法与上述两种工具基本相同，但是又略有区别。以吸盘工具为例，当吸盘工具在拾取和放下物料时，其本身的模型状态是没有变化的，即模型文件没有发生形变。而夹爪工具在没有拾取物料之前，2 个手指是张开的状态，间距较大；拾取物料之后，手指处于闭合状态，间距较小。这就使得夹爪工具在运行过程中势必发生"形变"，如图 10-34 所示。

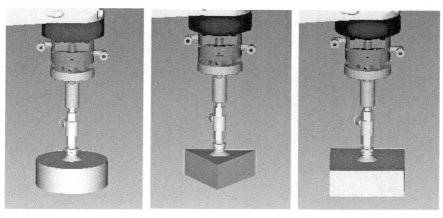

图 10-33 添加物料 Part 的吸盘

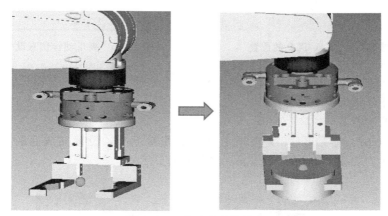

图 10-34 夹爪的两种状态

注：上述的两个模型文件中同样包括快换接头部分，并且需要用制图软件调整成不同的两种状态，再导出 IGS 格式的模型文件。

（1）添加夹爪

双击"Cell Browser"窗口中的"UT：3"，或者一个未设置的工具，打开其属性设置窗口。首先将"接头与夹爪开.IGS"导入到工具 3 上面，并将该工具重命名为"夹爪"，将其工具 X 和 Y 放大至 1.9 倍，调整夹爪的位置，使其正确地安装在机器人法兰盘上，并锁定位置数据。将此模型定义为夹爪的常态（打开状态）。

（2）设置夹爪 3 坐标系

将夹爪工具的 TCP 设置在手指的位置附近，工具坐标系方向保持不变，设置完成后的状态如图 10-35 所示。

（3）夹爪动作仿真设置

在工具 3 属性设置窗口，切换到"Simulation"仿真选项卡下，进行夹爪工具的动作状态（闭合状态）的设置。

如图 10-36 所示，选择第 2 项"Material Handling-Clamp"，然后单击文件夹图标，导入外部模型"接头与夹爪合.IGS"，单击"Apply"按钮。此模型导入后不需要调整其他设置，因为它的坐标与"接头与夹爪开.IGS"的坐标是同一个，调节其中任意一个，另外一个也会随之变动。

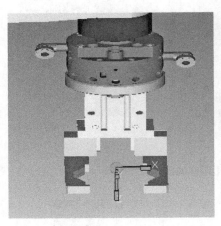

图 10-35 夹爪 TCP 的位置

图 10-36 夹爪动作仿真设置窗口

单击"Open"按钮和"Close"按钮，或者单击软件工具栏中的 图标，可在三维视图中切换夹爪的开合状态。

（4）关联工件模型

切换到"Parts"选项卡下，为夹爪工具添加物料 Part，设置完成后的状态如图 10-37 所示。取消勾选"Visible at Teach Time"（示教时显示）。

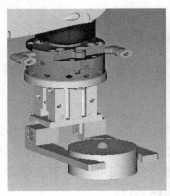 

图 10-37 夹爪抓取物料后的状态

至此，三个工具的创建与仿真设置就基本完成了，在"Cell Browser"窗口的工具模块下可单击不同的工具号，手动切换进行工具查看。需要注意，"UT：1"和"UT：2"的符号为 图标，表示工具为单状态工具；"UT：3"的符号为 图标，表示工具为双状态工具，如图 10-38 所示。

图 10-38 工具模块结构图

（5）工具显示查看

在结构列表中单击不同的工具号，可在三维视图中切换显示工具（见图 10-39～图 10-41）。

图 10-39 工具1快换接头

图 10-40 工具2吸盘

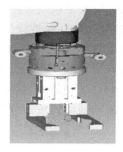
图 10-41 工具3夹爪

步骤3 创建虚拟电机与设置仿真

首先在创建虚拟电机之前,应分析该仿真工作站中有哪些地方应用了虚拟电机。这里需要明确的是物料作为 Parts 模块下的模型不可能实现自主运动,必须要靠其他运动设备携带搬运。从整个工作站作业流程中得知:物料从工件托盘到传送带的始端、物料从传送带的末端到料井的井口这两个阶段的运动是由机器人搬运完成的。那么剩余的两个中间过程没有机器人的参与,物料的运动就必须依靠虚拟直线电机来完成。这两个中间过程分别是:

① 物料从传送带始端到末端的被传送运动。
② 物料从井口到井底的自由落体运动。

其中每个中间过程都有3个物料进行依次运动,所以在工作站的整个运行流程中,涉及虚拟电机的运动总共有6次。由于每个过程中,3个物料的运动一致,所以可将6次运动划分成2组(对应2个运动过程),每组设置1个虚拟电机,每个电机设置3个并联运动轴,如所图10-42所示。

"传送带"虚拟电机用于完成物料在传送带上的运动;"自由落体"虚拟电机用于完成物料在料井中的下落运动。

图 10-42 虚拟电机结构图

在本工作站中将会用到 DO [1]~DO [6] 这6个数字输出信号分别控制6个虚拟电机轴。除此之外,"传送带"电机的3个轴还会用到 DI [1]~DI [3] 这3个输入信号来作为物料到位的通知,从而反馈给机器人。

"传送带"虚拟电机的创建与设置

1. 创建"传送带"虚拟直线电机及设置仿真
(1) 创建虚拟电机主体(固定部分)

在"Cell Browser"窗口中,鼠标右键单击"Machine",执行菜单命令"Add Machine"→"Box",创建1个简单的几何体作为虚拟电机的主体(固定部分)。

(2) "Machine"属性设置

在弹出的属性设置窗口中,选择"General"选项卡。将此模型重命名为"传送带",调整模型的尺寸为100mm×550mm×10mm(尺寸任意,主要是为了方便观察),将模型的位置移动到传送带上,并锁定其位置,如图10-43所示。设置完成后取消选择"Visible"选项,隐藏此模型。

(3) 创建虚拟电机运动轴

在"Cell Browser"窗口中,鼠标右键单击"传送带",执行菜单命令"Add Link"→"Box",创建一个简单的几何体作为虚拟电机的运动轴。

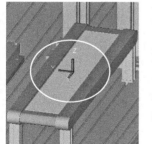
图 10-43 "传送带"虚拟电机的固定部分

(4) 设置轴模型大小及位置

在"Link1"属性设置窗口,切换到"Link CAD"选项卡下,编辑该运动轴所附着的几何体模型的参数,如图 10-44 所示。

勾选"Wire Frame"选项显示线框;调整模型的尺寸为 10mm×10mm×10mm(尺寸要尽量小,主要是因为轴模型不能隐藏,减小尺寸是为了在工作站运行时不会太明显);将模型的位置移动到传送带正中的位置并锁定,如图 10-45 所示。

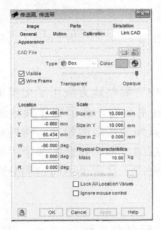

图 10-44 轴附着模型的参数设置窗口　　图 10-45 轴模型调整完成后的位置

(5) 设置虚拟电机运动方向

在"Link1"属性设置窗口,选择"General"选项卡。

Edit Axis Origin:可编辑轴的零点位置和运动方向。轴的默认零点位置与虚拟电机固定部分的坐标中心重合,默认的运动正方向为虚拟电机固定部分坐标的 Z 轴正方向。

Clockwise:勾选该选项后,轴的运动正方向与原来的方向相反。

Lock Axis Location:勾选该选项后,锁定轴的零点位置与运动方向。

将此轴重命名为"传送圆",表示此运动轴是携带圆形物料进行传送运动的,勾选"Lock Axis Location"选项锁定轴的位置,如图 10-46 所示。

设置完成后,虚拟电机位置效果如图 10-47 所示。

图 10-46 运动轴设置窗口　　图 10-47 虚拟电机位置设置

注：调整电机运动方向时，勾选"Edit Axis Origin"（轴原点更改），需取消勾选"Couple Link CAD"（与链接 CAD 联锁），避免调整电机运动方向时，模型也随之移动。

（6）关联圆形物料

在"Link1"属性设置窗口，切换到"Parts"选项卡下，为运动轴添加所要携带的物料 Part。将"圆形物料"添加到"传送带"轴上，并调整好位置，如图 10-48 所示。

（7）设置运动仿真

在"Link1"属性设置窗口，切换至"Motion"选项卡下，设置虚拟电机轴的运动参数，其中各项参数的值如图 10-49 所示。

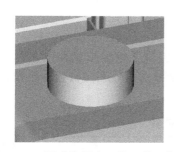

图 10-48 圆形物料在"传送带"位置

图 10-49 "传送圆"轴的运动参数

用鼠标选中图 10-49 中的 DO [1] =ON 行，单击"Test"选项，观察并检验圆形物料块出现的位置是否正确。当 DO [1] =ON 时，圆形物料的位置如图 10-50 所示。如果物料的位置偏左或者偏右，就调整虚拟电机结构"Location"的数值；如果物料出现的位置根本就不在水平的 Z 轴方向上，就必须返回到步骤（5）中修改"Edit Axis Origin"的数值，改变轴的运动方向。

注："传送带"电机的末端位置上还要设置输出信号，反馈给机器人。如图 10-49 所示，当物料块运动到 450mm 位置时，DI [1] =ON，以此充当物料的到位信号。

（8）设置"物料"仿真

在"Link1"属性设置窗口，切换至"Simulation"选项卡下，勾选设置物料被夹取与被放置的时间，选择默认。

（9）设置三角形及正方形物料仿真

图 10-50 物料传送的位置

图 10-51 "传送带"虚拟电机结构

按照创建"传送圆"的方法创建携带其他两种物料的虚拟电机轴,完成设置后,"传送带"虚拟电机的结构如图 10-51 所示。

2. 创建"自由落体"虚拟电机及设置仿真

"传送带"虚拟电机创建完成之后,参考上述步骤(1)~步骤(9),进行"自由落体"虚拟直线电机的创建。3 个物料电机运动轴在料井口位置如图 10-52 所示。

"自由落体"虚拟电机的创建与设置

图 10-52　"自由落体"电机轴的 3 个起始位置　　图 10-53　"Machines"总体结构图

3. Machines 模块的最终结构及通信

所有虚拟电机设置完成后,Machines 模块中总共包含 2 组虚拟直线电机和 6 个电机运动轴,如图 10-53 所示。运动轴分别接收机器人的 6 个控制信号和向机器人反馈的 3 个到位信号,如表 10-1 所示。

表 10-1　虚拟电机通信表

运动轴	输入信号(机器人控制信号)	输出信号(物料到位信号)
传送圆	DO[1]	DI[1]
传送三角形	DO[2]	DI[2]
传送正方形	DO[3]	DI[3]
三角形落	DO[4]	
圆形落	DO[5]	
正方形落	DO[6]	

步骤 4　创建分拣作业程序

结合整个分拣搬运的流程,在编程之前应该首先对整个工作站的程序结构有一个清楚的划分。创建时尽量使程序碎片化、单一化,避免单个程序中出现过多的动作控制与逻辑控制,以免造成混淆。由此可将整个流程规划成一个主程序和数个子程序,其中子程序用来控制动作,而且必须利用仿真程序编辑器进行创建,才能实现各种仿真的效果;主程序用来控制各个子程序的执行条件和执行顺序,可用虚拟 TP 进行创建。在编程时,应按照事件发生的先后顺序,依次创建对应的程序。

整个工作流程中涉及 Part 的多次拾取,如果单靠手动调节,很难保证拾取点的精确性,而且会浪费编程人员大量的时间。那么如何让工具准确并快速地移动到拾取点的位置?例如,快换接头工具拾取夹爪工具的位置(见图 10-54)。

打开"Cell Browser"窗口,单击"UT:1",使当前机器人工具切换到快换接头工具,如图 10-55 所示。

双击"工具架"模型,打开其属性设置窗口,选择"Parts"选项卡。在"Parts"列表中单击"吸盘",然后选择"快换接头"工具,最后单击"MoveTo"按钮,如图 10-56 所示，机器人就可快速并准确地移动到拾取点。

图 10-54　精确拾取夹爪位置

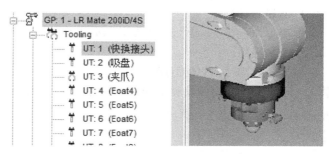

图 10-55　工具列表选择快换接头

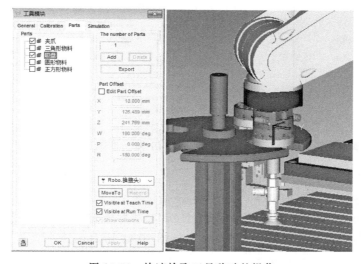

图 10-56　快速拾取工具移动的操作

创建HOME程序

1. 创建 HOME 程序

执行菜单命令"Teach"→"Add Simulation Program"，创建一个仿真程序，将程序命名为"HOME"。在"仿真程序编辑器"的程序编辑界面，单击 Record 下拉按钮，在弹出的下拉选项中选择动作指令的类型"J P [ ] 100% FINE"，记录 1 个点，在"J P [1] 100% FINE"运动指令中选择"joint"（关节坐标），将 J5 轴设置为 -90，其他轴均设置为 0，此时 HOME 点已被更新至 P [1]，如图 10-57 所示。

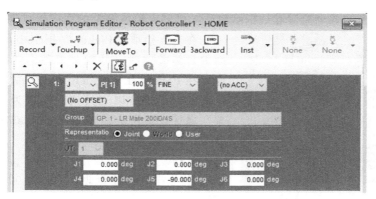

图 10-57　创建 HOME 程序

创建夹爪拾取和放下程序

2. 创建机器人拾取和放下夹爪的程序

（1）创建仿真程序

执行菜单命令"Teach"→"Add Simulation Program"，创建一个仿真程序。

（2）命名程序

将程序命名为"SHIQUJIAZHUA"，选择工具坐标系1（快换接头工具），选择用户坐标系1（可任选，后续的编程都统一用坐标系1），如图10-58所示。

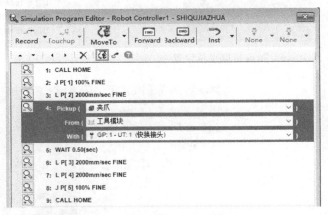

图 10-58　程序的属性设置窗口　　　　图 10-59　"SHIQUJIAZHUA"程序

（3）添加指令

进入仿真程序编辑器添加指令，如图10-59所示。

程序语句中第一行和最后一行所调用的HOME程序所记录的位置是机器人未工作时的待机位置。第4行的仿真拾取指令"Pickup"如图10-60所示。

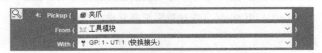

图 10-60　Pickup仿真指令

Pickup：拾取的目标对象（Parts）。
From：目标所在的位置（Fixtures）。
With：拾取所用的工具（Tooling）。

（4）设置仿真允许条件

对运动轨迹上的各个关键点进行示教后，机器人拾取夹爪的程序轨迹如图10-61所示。

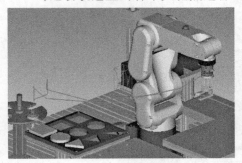

图 10-61　拾取夹爪的轨迹

在仿真拾取"Pickup"指令中设置"From"后面的目标载体时，可能会出现无选项的情况，此时应先在Part所在模块（Fixtures或Machines）设置仿真允许条件。以工具架的夹爪为例，打开"工具架"属性设置窗口，选择"Simulation"仿真设置选项卡。

选择"夹爪"，勾选"Allow part to be picked"选项并设置再创建延迟时间为1000s。表示"工具架"上的"夹爪"允许被工具拾取，拾取1000s后，原位置上自动再生成模型。因为整个工作流程中不能有"夹爪"在原位置自动生成的情况出现,所以延迟的时间要尽量大,应超过整个工作站运行的总时间。

勾选"Allow part to be placed"选项并设置消失延迟时间为 1000s。表示允许将"夹爪"放置在"工具架"上,放置 1000s 后,模型自动消失。因为仿真过程中不能让模型自动消失,所以延迟的时间要超过工作站运行总时间。

后续的操作中,凡是添加 Parts 模块、Fixtures 模块、Machines 模块等,都要按照上面的内容进行设置。

(5) 创建放回夹爪程序

创建机器人放回夹爪的程序,程序的坐标系同样采用工具坐标系 1 和用户坐标系 1,将程序命名为"FANGJIAZHUA",添加的程序指令如图 10-62 所示。

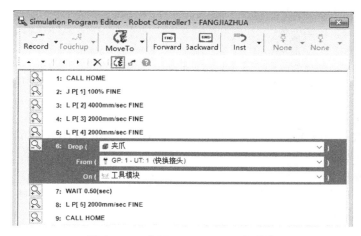

图 10-62 "FANGJIAZHUA"程序

"FANGJIAZHUA"与"SHIQUJIAZHUA"程序路径和关键点位置相同,但是走向相反。程序的最后一行记录的 P [5] 点(放置点竖直上方的一点)作为程序结束点,由于机器人下一步要执行拾取吸盘的动作,所以不必使机器人返回 HOME 位置。程序的第 6 行是仿真放置指令"Drop",如图 10-63 所示。

图 10-63 仿真放置指令

Drop:放置的目标对象(Parts)。
From:握持目标的工具(Tooling)。
On:放置目标的位置(Fixtures)。

示教完成后机器人放回夹爪的程序轨迹如图 10-64 所示。

"SHIQUJIAZHUA"与"FANGJIAZHUA"中记录的关键点位置相同,在创建完前者后,完全可以直接复制程序,避免重复示教点所造成的不必要的工作。

图 10-64 放回夹爪的轨迹

(6) 选择"SHIQUJIAZHUA"程序

打开"Cell Browser"窗口,在图10-65所示的目录中找到"SHIQUJIAZHUA"程序。

(7) 复制程序

鼠标右键单击  仿真程序图标,选择"Copy"菜单复制该程序,如图10-66所示。

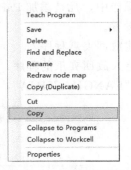

图10-65 "Cell Browser"中的程序目录　　图10-66 程序复制操作

(8) 粘贴程序

鼠标右键单击上一级 Programs 程序图标,选择"Paste SHIQUJIAZHUA"菜单粘贴程序,如图10-67所示。

(9) 重命名程序

复制得到的程序名默认为"SHIQUJIAZHUA1"。右击该程序,选择"Rename"菜单,如图10-68所示,将其重命名为"FANGJIAZHUA"。

创建吸盘拾取和放下程序

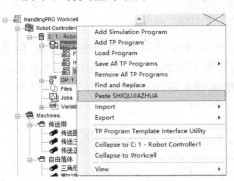 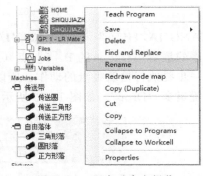

图10-67 程序粘贴操作　　　　　图10-68 程序重命名操作

(10) 调整指令的顺序

双击"FANGJIAZHUA"程序,打开仿真程序编辑器,如图10-69所示。由于此程序执行的顺序与原程序相反,所以必须调整指令的顺序和动作类型。选中要移动的指令,单击顺序调整按钮 ▲ ▼ ,使其上下移动翻转整个程序的执行顺序。在所有指令的顺序调整完毕后,修改动作指令的类型。

3. 创建机器人拾取和放下吸盘的程序

按照之前创建拾取、放下夹爪程序的方法来创建拾取、放下吸盘的程序,拾取吸盘的仿真程序"SHIQUXIPAN"如图10-70所示。

拾取吸盘的程序轨迹如图10-71所示。

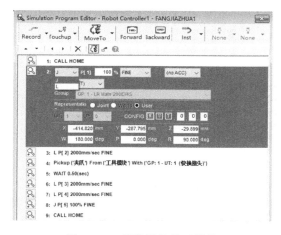

图 10-69　程序调整界面操作

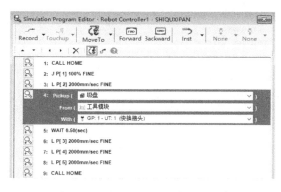

图 10-70　"SHIQUXIPAN"程序

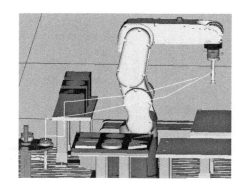

图 10-71　拾取吸盘程序轨迹

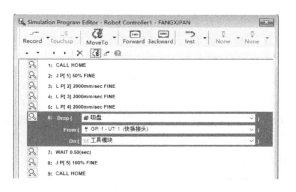

图 10-72　"FANGXIPAN"程序

放下吸盘的仿真程序"FANGXIPAN"如图 10-72 所示。

放下吸盘的程序轨迹如图 10-73 所示。

4. 创建物料搬运程序

物料搬运程序共包含 3 个子程序，分别是搬运三角形物料、圆形物料、正方形物料到传送带起始端的程序。这里三角形物料，工具坐标系选择"UT：2（吸盘）"进行搬运，圆形物料和正方形物料，工具坐标系选择"UT：3（夹爪）"进行搬运。

（1）创建搬运三角形物料程序

① 创建一个仿真程序，命名为"BANYUN-SAN"。需要注意的是，此时的工具一定要选用工具 2 吸盘工具，如图 10-74 所示。

② 示教关键点并添加程序指令，完成后的程序如图 10-75 所示。

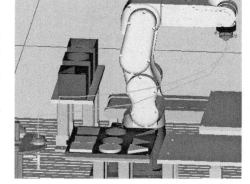

图 10-73　放下吸盘程序轨迹

图 10-74 "BANYUNSAN"程序属性设置窗口

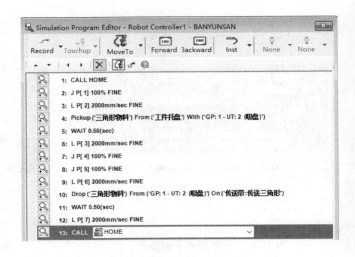

图 10-75 "BANYUNSAN"程序

③ 示教完成后,"BANYUNSAN"程序的轨迹如图 10-76 所示。

(2) 创建搬运圆形物料程序

① 创建一个仿真程序,命名为"BANYUNYUAN"。需要注意的是,此时的工具可以选用工具 2 吸盘工具,也可以选用工具 3 夹爪工具,这里选用工具 3 夹爪工具进行示教搬运编写,如图 10-77 所示。

② 示教关键点并添加程序指令,完成后的程序如图 10-78 所示。

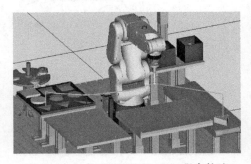

图 10-76 "BANYUNSAN"程序轨迹

图 10-77 "BANYUNYUAN"程序属性设置窗口

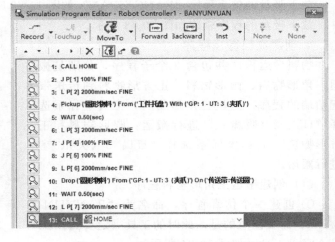

图 10-78 "BANYUNYUAN"程序

③ 示教完成后,"BANYUNYUAN"程序的轨迹如图 10-79 所示。

(3) 创建搬运正方形物料程序

① 创建一个仿真程序,命名为"BANYUNZHENG"。此时的工具可以选用工具 2 吸盘工具,也可以选用工具 3 夹爪工具,这里选用工具 3 夹爪工具进行示教搬运编写,如图 10-80 所示。

② 示教关键点并添加程序指令,完成后的程序如图 10-81 所示。

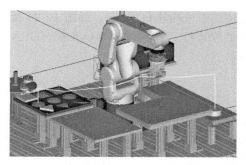

图 10-79 "BANYUNYUAN"程序轨迹

图 10-80 "BANYUNZHENG"程序属性设置窗口

图 10-81 "BANYUNZHENG"程序

③ 示教完成后,"BANYUNZHENG"程序的轨迹如图 10-82 所示。

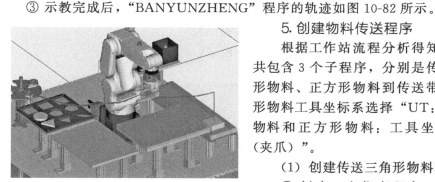

图 10-82 "BANYUNZHENG"程序轨迹

5. 创建物料传送程序

根据工作站流程分析得知,传送物料程序总共包含 3 个子程序,分别是传送三角形物料、圆形物料、正方形物料到传送带末端的程序。三角形物料工具坐标系选择"UT:2(吸盘)";圆形物料和正方形物料:工具坐标系选择"UT:3(夹爪)"。

(1) 创建传送三角形物料程序

① 创建一个仿真程序,命名为"CHUANSONGSAN"。

② 示教关键点并添加程序指令,程序如图 10-83 所示。

上述程序设置 DO[2]=ON,单击工具栏中的启动按钮 ▶,执行子程序"CHUANSONGSAN"时,虚拟电机轴可以正常运行。但此时三角形物料始终没有出现在运行的路径上,如果需要三角形物料出现在运行的路径上,需要一个"Drop"指令将三角形物料"放置"上来(让物料出现,吸盘工具并没有实际动作),添加一个"Pickup"指令(其目的是让传送带末端物料消失），如图 10-83 所示。添加完所有指令后，复位 DO[2]=OFF，此时单独运行子程序"CHUANSONGSAN"，三角形物料出现在运行的路径上，如图 10-84 所示。

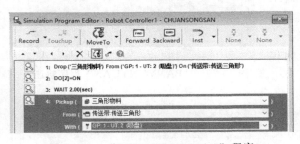
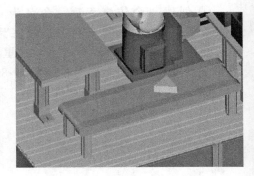

图 10-83　"CHUANSONGSAN"程序　　　　图 10-84　传送带上显示物料

注：根据工作站流程分析得知，本任务中传送过程与机器人的放置和拾取过程有交集。它的上一个流程是机器人搬运物料的"放置"，后一个流程是物料的"拾取"，程序的首尾出现了机器人的放置与拾取仿真指令，在此"CHUANSONGSAN"程序中可选择不添加"Drop"和"Pickup"指令。在进行总程序调用时，物料也可显示在运行的路径上，但是单独运行子程序时物料始终不会出现在运行的路径上，需添加"Drop"指令和"Pickup"指令。

假设传送过程与机器人的放置和拾取过程无交集。也就是说它的上一个流程不是机器人放置物料的动作，后一个流程也不是机器人拾取物料的动作，程序的首尾需添加机器人的"放置"和"拾取"仿真指令。这样在总程序和子程序运行时均可让物料出现在运行的路径上，若不添加"放置"和"拾取"仿真指令，则在运行总程序和子程序时物料不会出现在运行的路径上。

创建机器人分拣搬运程序

（2）创建传送圆形物料程序
① 创建一个仿真程序，命名为"CHUANSONGYUAN"。
② 示教关键点并添加程序指令，程序如图 10-85 所示。

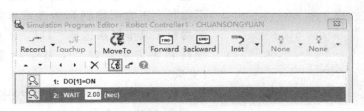

图 10-85　"CHUANSONGYUAN"程序

（3）创建传送正方形物料程序
① 创建一个仿真程序，命名为"CHUANSONGZHENG"。
② 示教关键点并添加程序指令，程序如图 10-86 所示。

6. 创建机器人分拣搬运程序
根据工作站流程分析得知，分拣拾取搬运是在传送程序每完成一次后才能运行，所以应该将其划分成 3 个程序，分别是分拣三角形物料、圆形物料、正方形物料到料井口的程序，

图 10-86 "CHUANSONGZHENG"程序

工具坐标系选择"UT：2（吸盘）"。

（1）创建分拣三角形物料程序

① 创建一个仿真程序，命名为"FENJIANSAN"，工具坐标系选择"UT：2（吸盘）"。

② 示教关键点并添加程序指令，程序如图 10-87 所示。

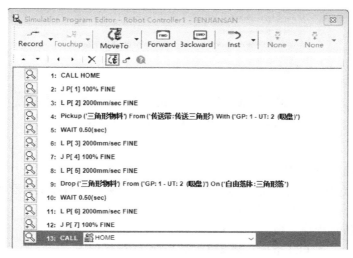

图 10-87 "FENJIANSAN"程序

（2）创建分拣圆形物料程序

① 创建一个仿真程序，命名为"FENJIANYUAN"，工具坐标系选择"UT：2（吸盘）"。

② 示教关键点并添加程序指令，程序如图 10-88 所示。

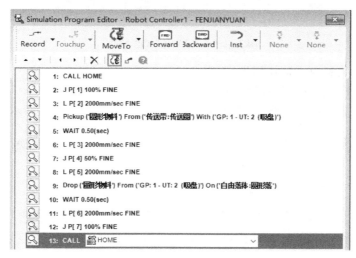

图 10-88 "FENJIANYUAN"程序

(3) 创建分拣正方形物料程序

① 创建一个仿真程序，命名为"FENJIANZHENG"，工具坐标系选择"UT：2（吸盘）"。

② 示教关键点并添加程序指令，完成后的程序如图 10-89 所示。

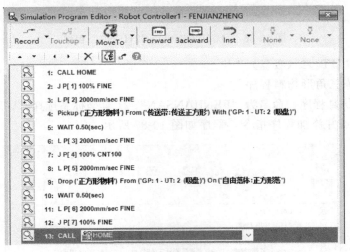

图 10-89 "FENJIANZHENG"程序

创建物料自由落体程序

7. 创建物料自由落体程序

自由落体总共包含 3 个子程序，分别是三角形物料、圆形物料和正方形物料下落的程序。

(1) 创建三角形物料自由落体程序

① 创建一个仿真程序，命名为"SANLUO"。

② 添加 DO [4] =ON 指令，WAIT=1（sec），程序如图 10-90 所示。

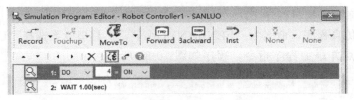

图 10-90 "SANLUO"程序

(2) 创建圆形物料自由落体程序

① 创建一个仿真程序，命名为"YUANLUO"。

② 添加 DO [5] =ON 指令，WAIT=1（sec），程序如图 10-91 所示。

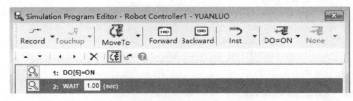

图 10-91 "YUANLUO"程序

（3）创建正方形物料自由落体程序

① 创建一个仿真程序，命名为"ZHENGLUO"。

② 添加 DO［6］＝ON 指令，WAIT＝1（sec），程序如图 10-92 所示。

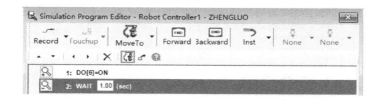

图 10-92　"ZHENGLUO"程序

虚拟TP创建主程序

8. 创建主程序

子程序名与程序意义如表 10-2 所示。

仿真程序编辑器创建主程序

表 10-2　子程序列表

子程序名	意义
HOME	机器人原点
SHIQUJIAZHUA	拾取夹爪
FANGJIAZHUA	放夹爪
SHIQUXIPAN	拾取吸盘
FANGXIPAN	放吸盘
BANYUNSAN	搬运三角形至传送带
BANYUNYUAN	搬运圆形物料至传送带
BANYUNZHENG	搬运正方形物料至传送带
CHUANSONGSAN	传送三角形物料
CHUANSONGYUAN	传送圆形物料
CHUANSONGZHENG	传送正方形物料
FENJIANSAN	分拣搬运三角形物料
FENJIANYUAN	分拣搬运圆形物料
FENJIANZHENG	分拣搬运正方形物料
SANLUO	三角形物料自由落体
YUANLUO	圆形物料自由落体
ZHENGLUO	正方形物料自由落体

用仿真程序编辑器创建主程序，如图 10-93 所示。

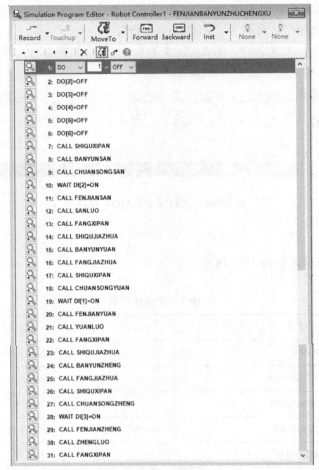

图 10-93 主程序

步骤 5　参考程序及注释

1. 子程序创建

(1) 子程序 HOME

1:J P[1]100% FINE;　　　　　　//机器人原点位置

(2) 子程序 SHIQUJIAZHUA

1:CALL HOME　　　　　　　　　//调用 HOME 程序
2:J P[1]100% FINE;　　　　　　//夹爪上方接近点
3:L P[2]2000mm/sec FINE;　　　//到达夹爪抓取点位置
4:Pickup(夹爪) From(工具模块) With(GP:1-UT:1(快换接头))
　　　　　　　　　　　　　　　//拾取夹爪指令
5:WAIT 0.50(sec)　　　　　　　//设置延时 0.5s
6:L P[3]2000mm/sec FINE　　　//设置夹爪上方逃离点
7:L P[4]2000mm/sec FINE　　　//设置平移出工具模块安全点
8:J P[5]100% FINE　　　　　　//设置夹爪平移出工具模块位置上方安全点
9:CALL HOME　　　　　　　　　//调用 HOME 程序

(3) 子程序 FANGJIAZHUA
1:CALL HOME   //调用 HOME 程序
2:J P[1]100% FINE;   //设置接近夹爪平移到工具模块位置上方安全点
3:L P[2]2000mm/sec FINE;   //设置平移到工具模块外安全点
4:L P[3]2000mm/sec FINE   //设置平移到工具模块夹爪位置安全点
5:L P[4]2000mm/sec FINE   //设置夹爪放置点
6:Drop(夹爪)From(GP:1-UT:1(快换接头))On(工具模块)
                                      //设置放置指令
7:WAIT 0.50(sec)   //设置延时 0.5s
6:L P[3]2000mm/sec FINE   //设置夹爪上方逃离点
9:CALL HOME   //调用 HOME 程序

(4) 子程序 SHIQUXIPAN
1:CALL HOME   //调用 HOME 程序
2:J P[1]100% FINE;   //吸盘位置上方接近点
3:L P[2]2000mm/sec FINE;   //到达吸盘位置抓取点位置
4:Pickup(吸盘) From(工具模块) With(GP:1-UT:1(快换接头))
                                      //拾取夹爪指令
5:WAIT 0.50(sec)   //设置延时 0.5s
6:L P[3]2000mm/sec FINE   //设置吸盘上方逃离点
7:L P[4]2000mm/sec FINE   //设置吸盘平移出工具模块安全点
8:J P[5]100% FINE   //设置吸盘平移出工具模块位置上方安全点
9:CALL HOME   //调用 HOME 程序

(5) 子程序 FANGXIPAN
1:CALL HOME   //调用 HOME 程序
2:J P[1]100% FINE;   //设置接近吸盘平移到工具模块位置上方安全点
3:L P[2]2000mm/sec FINE;   //设置吸盘平移到工具模块外安全点
4:L P[3]2000mm/sec FINE   //设置平移到工具模块吸盘位置安全点
5:L P[4]2000mm/sec FINE   //设置吸盘放置点
6:Drop(吸盘)From(GP:1-UT:1(快换接头))On(工具模块)
                                      //设置放置指令
7:WAIT 0.50(sec)   //设置延时 0.5s
6:L P[3]2000mm/sec FINE   //设置吸盘上方逃离点
9:CALL HOME   //调用 HOME 程序

(6) 子程序 BANYUNSAN
1:CALL HOME   //调用 HOME 程序
2:J P[1]100% FINE;   //设置三角形物料上方接近点
3:L P[2]2000mm/sec FINE;   //到达三角形物料抓取点位置
4:Pickup(三角形物料) From(工件托盘) With(GP:1-UT:2(吸盘))
                                      //拾取三角形物料指令

5:WAIT 0.50(sec)   //设置延时0.5s
6:L P[3]2000mm/sec FINE   //设置逃离点
7:J P[4]100% FINE   //设置过渡点
8:J P[5]100% FINE   //到达传送带起始端上方安全点
9:L P[6]2000mm/sec FINE   //到达传送到起始端工件放置点
10:Drop(三角形物料)From(GP:1-UT:2(吸盘))On(传送带:传送三角形)
                                    //设置放置指令
11:WAIT 0.50(sec)   //设置延时0.5s
12:L P[7]2000mm/sec FINE   //设置逃离点
13:CALL HOME   //调用HOME程序

(7)子程序 BANYUNYUAN
1:CALL HOME   //调用HOME程序
2:J P[1]100% FINE;   //设置平面托盘圆形物料上方接近点
3:L P[2]2000mm/sec FINE;   //到达平面托盘圆形物料抓取点位置
4:Pickup(圆形物料) From(工件托盘) With(GP:1-UT:3(夹爪))
                                    //拾取圆形物料指令
5:WAIT 0.50(sec)   //设置延时0.5s
6:L P[3]2000mm/sec FINE   //设置逃离点
7:J P[4]100% FINE   //设置过渡点
8:J P[5]100% FINE   //到达传送带起始端上方安全点
9:L P[6]2000mm/sec FINE   //到达传送到起始端工件放置点
10:Drop(圆形物料)From(GP:1-UT:3(夹爪))On(传送带:传送圆)
                                    //设置放置指令
11:WAIT 0.50(sec)   //设置延时0.5s
12:L P[7]2000mm/sec FINE   //设置逃离点
13:CALL HOME   //调用HOME程序

(8)子程序 BANYUNZHENG
1:CALL HOME   //调用HOME程序
2:J P[1]100% FINE;   //设置平面托盘正方形物料上方接近点
3:L P[2]2000mm/sec FINE;   //到达平面托盘正方形物料抓取点位置
4:Pickup(正方形物料) From(工件托盘) With(GP:1-UT:3(夹爪))
                                    //拾取正方形物料指令
5:WAIT 0.50(sec)   //设置延时0.5s
6:L P[3]2000mm/sec FINE   //设置逃离点
7:J P[4]100% FINE   //设置过渡点
8:J P[5]100% FINE   //到达传送带起始端上方安全点
9:L P[6]2000mm/sec FINE   //到达传送到起始端工件放置点
10:Drop(正方形物料)From(GP:1-UT:3(夹爪))On(传送带:传送正方形)
                                    //设置放置指令
11:WAIT 0.50(sec)   //设置延时0.5s

```
12:L P[7]2000mm/sec FINE              //设置逃离点
13:CALL HOME                          //调用 HOME 程序

(9)子程序 CHUANSONGSAN
1:DO[2] = ON                          //传送三角形物料到达传送带末端数字输出信号
2:WAIT 2.00(sec)                      //设置延时 2s

(10)子程序 CHUANSONGYUAN
1:DO[1] = ON                          //传送圆形物料到达传送带末端数字输出信号
2:WAIT 2.00(sec)                      //设置延时 2s

(11)子程序 CHUANSONGZHENG
1:DO[3] = ON                          //传送正方形物料到达传送带末端数字输出信号
2:WAIT 2.00(sec)                      //设置延时 2s

(12)子程序 FENJIANSAN
1:CALL HOME                           //调用 HOME 程序
2:J P[1]100 % FINE;                   //设置传送带末端三角形物料上方接近点
3:L P[2]2000mm/sec FINE;              //到达传送带末端三角形物料抓取点位置
4:Pickup(三角形物料) From(传送带:传送三方形) With(GP:1-UT:2(吸盘))
                                      //拾取正方形物料指令
5:WAIT 0.50(sec)                      //设置延时 0.5s
6:L P[3]2000mm/sec FINE               //设置逃离点
7:J P[4]100 % FINE                    //到达三角形料井库上方接近点
8:L P[5]2000mm/sec FINE               //到达三角形料井口位置点
9:Drop(三角形物料)From(GP:1-UT:2(吸盘))On(自由落体:三角形落)
                                      //设置放置指令
10:WAIT 0.50(sec)                     //设置延时 0.5s
11:L P[6]2000mm/sec FINE              //设置逃离点
12:J P[7]100 % FINE                   //设置过渡点
13:CALL HOME                          //调用 HOME 程序

(13)子程序 FENJIANYUAN
1:CALL HOME                           //调用 HOME 程序
2:J P[1]100 % FINE;                   //设置传送带末端圆形物料上方接近点
3:L P[2]2000mm/sec FINE;              //到达传送带末端圆形物料抓取点位置
4:Pickup(圆形物料) From(传送带:传送圆) With(GP:1-UT:2(吸盘))
                                      //拾取圆形物料指令
5:WAIT 0.50(sec)                      //设置延时 0.5s
6:L P[3]2000mm/sec FINE               //设置逃离点
7:J P[4]100 % FINE                    //到达圆形料井库上方接近点
8:L P[5]2000mm/sec FINE               //到达圆形料井口位置点
9:Drop(圆形物料)From(GP:1-UT:2(吸盘))On(自由落体:圆形落)
```

```
                                            //设置放置指令
10:WAIT 0.50(sec)                           //设置延时 0.5s
11:L P[6]2000mm/sec FINE                    //设置逃离点
12:J P[7]100% FINE                          //设置过渡点
13:CALL HOME                                //调用 HOME 程序
```

(14) 子程序 FENJIANZHENG
```
1:CALL HOME                                 //调用 HOME 程序
2:J P[1]100% FINE;                          //设置传送带末端正方形物料上方接近点
3:L P[2]2000mm/sec FINE;                    //到达传送带末端正方形物料抓取点位置
4:Pickup(正方形物料)From(传送带:传送正方形)With(GP:1-UT:2(吸盘))
                                            //拾取圆形物料指令
5:WAIT 0.50(sec)                            //设置延时 0.5s
6:L P[3]2000mm/sec FINE                     //设置逃离点
7:J P[4]100% FINE                           //到达正方形料井库上方接近点
8:L P[5]2000mm/sec FINE                     //到达正方形料井口位置点
9:Drop(正方形物料)From(GP:1-UT:2(吸盘))On(自由落体:正方形落)
                                            //设置放置指令
10:WAIT 0.50(sec)                           //设置延时 0.5s
11:L P[6]2000mm/sec FINE                    //设置逃离点
12:J P[7]100% FINE                          //设置过渡点
13:CALL HOME                                //调用 HOME 程序
```

(15) 子程序 SANLUO
```
1:DO[4]=ON                                  //三角形物料自由落到料井底部
2:WAIT 2.00(sec)                            //设置延时 2s
```

(16) 子程序 YUANLUO
```
1:DO[5]=ON                                  //圆形物料自由落到料井底部
2:WAIT 2.00(sec)                            //设置延时 2s
```

(17) 子程序 ZHENGLUO
```
1:DO[6]=ON                                  //正方形物料自由落到料井底部
2:WAIT 2.00(sec)                            //设置延时 2s
```

2. 主程序创建

(1) 虚拟 TP 示教编程主程序
```
1:UFRAME_NUM=1;                             //用户坐标系为 1
2:UTOOL_NUM=1;                              //工具坐标系为 1
3:OVERRIDE=80%;                             //设置运行速度为 80%
4:DO[1]=OFF                                 //复位 DO[1](圆形物料传送复位信号)
5:DO[2]=OFF                                 //复位 DO[2](三角形物料传送复位信号)
6:DO[3]=OFF                                 //复位 DO[3](正方形物料传送复位信号)
```

```
 7:DO[4] = OFF                    //复位 DO[4](三角形物料自由落井复位信号)
 8:DO[5] = OFF                    //复位 DO[5](圆形物料自由落井复位信号)
 9:DO[6] = OFF                    //复位 DO[5](正方形物料自由落井复位信号)
10:CALL SHIQUXIPAN;               //调用拾取吸盘子程序
11:CALL BANYUNSAN;                //调用搬运三角形物料子程序
12:CALL CHUANSONGSAN;             //调用传送三角形物料子程序
13:WAIT DI[2] = ON;               //等待三角形物料到达传送带末端信号
14:CALL FENJIANSAN;               //调用分拣三角形物料子程序
15:CALL SANLUO;                   //调用三角形物料自由落井子程序
16:CALL FANGXIPAN;                //调用放吸盘子程序
17:CALL SHIQUJIAZHUA;             //调用拾取夹爪子程序
18:CALL BANYUNYUAN;               //调用搬运圆形物料子程序
19:CALL FANGJIAZHUA;              //调用放夹爪子程序
20:CALL SHIQUXIPAN;               //调用拾取吸盘子程序
21:CALL CHUANSONGYUAN;            //调用传送圆形物料子程序
22:WAIT DI[1] = ON;               //等待圆形物料到达传送带末端信号
23:CALL FENJIANYUAN;              //调用分拣圆形物料子程序
24:CALL YUANLUO;                  //调用圆形物料自由落井子程序
25:CALL FANGXIPAN;                //调用放吸盘子程序
26:CALL SHIQUJIAZHUA;             //调用拾取夹爪子程序
27:CALL BANYUNZHENG;              //调用搬运正方形物料子程序
28:CALL FANGJIAZHUA;              //调用放夹爪子程序
29:CALL SHIQUXIPAN;               //调用拾取吸盘子程序
30:CALL CHUANSONGZHENG;           //调用传送正方形物料子程序
31:WAIT DI[1] = ON;               //等待正方形物料到达传送带末端信号
32:CALL FENJIANZHENG;             //调用分拣正方形物料子程序
33:CALL ZHENGLUO;                 //调用正方形物料自由落井子程序
34:CALL FAGNXIPAN;                //调用放吸盘子程序
```

(2)仿真程序编辑器编程主程序

```
 1:DO[1] = OFF                    //复位 DO[1](圆形物料传送复位信号)
 2:DO[2] = OFF                    //复位 DO[2](三角形物料传送复位信号)
 3:DO[3] = OFF                    //复位 DO[3](正方形物料传送复位信号)
 4:DO[4] = OFF                    //复位 DO[4](三角形物料自由落井复位信号)
 5:DO[5] = OFF                    //复位 DO[5](圆形物料自由落井复位信号)
 6:DO[6] = OFF                    //复位 DO[5](正方形物料自由落井复位信号)
 7:CALL SHIQUXIPAN;               //调用拾取吸盘子程序
 8:CALL BANYUNSAN;                //调用搬运三角形物料子程序
 9:CALL CHUANSONGSAN;             //调用传送三角形物料子程序
10:WAIT DI[2] = ON;               //等待三角形物料到达传送带末端信号
11:CALL FENJIANSAN;               //调用分拣三角形物料子程序
```

```
12:CALL SANLUO;              //调用三角形物料自由落井子程序
13:CALL FANGXIPAN;           //调用放吸盘子程序
14:CALL SHIQUJIAZHUA;        //调用拾取夹爪子程序
15:CALL BANYUNYUAN;          //调用搬运圆形物料子程序
16:CALL FANGJIAZHUA;         //调用放夹爪子程序
17:CALL SHIQUXIPAN;          //调用拾取吸盘子程序
18:CALL CHUANSONGYUAN;       //调用传送圆形物料子程序
19:WAIT DI[1] = ON;          //等待圆形物料到达传送带末端信号
20:CALL FENJIANYUAN;         //调用分拣圆形物料子程序
21:CALL YUANLUO;             //调用圆形物料自由落井子程序
22:CALL FANGXIPAN;           //调用放吸盘子程序
23:CALL SHIQUJIAZHUA;        //调用拾取夹爪子程序
24:CALL BANYUNZHENG;         //调用搬运正方形物料子程序
25:CALL FANGJIAZHUA;         //调用放夹爪子程序
26:CALL SHIQUXIPAN;          //调用拾取吸盘子程序
27:CALL CHUANSONGZHENG;      //调用传送正方形物料子程序
28:WAIT DI[1] = ON;          //等待正方形物料到达传送带末端信号
29:CALL FENJIANZHENG;        //调用分拣正方形物料子程序
30:CALL ZHENGLUO;            //调用正方形物料自由落井子程序
31:CALL FAGNXIPAN;           //调用放吸盘子程序
```

步骤 6　测试运行程序

单击工具栏中启动运行按钮 ▶，测试运行仿真程序。

步骤 7　视频录制

打开运行控制面板，单击 按钮可以开始录制视频，单击旁边下拉箭头可以选择 "AVI Record" 和 "3D Player Record" 录制，该任务选择 "3D Player Record" 录制。

步骤 8　保存工作站

单击工具栏上的保存按钮 ，即可保存整个工作站。

至此，分拣搬运工作站离线编程仿真完成。该任务参考评分标准见表 10-3。

表 10-3　参考评分表

序号	考核内容 （技术要求）	配分	评分标准	得分情况	指导教师 评价说明
1	机器人工程文件创建	5 分			
2	工作站的创建与关联设置	20 分	各个模块之间的关联		
3	工具坐标系和用户坐标系的设置	10 分			
4	虚拟电机的创建与仿真设置	20 分	电机的创建及 I/O 信号的设置		
5	模型再现与隐藏功能的设置	5 分			
6	仿真的划分及创建	30 分	程序结构简单易懂		
7	运行演示	10 分			

任务总结

本任务对复杂搬运仿真工作站中各个模块的功能和难点问题进行分析后,对工作站搭建步骤进行了具体的规划,利用离线编程软件中的模型替代法创建不同的工具,利用程序切换工具模块实现对不同工件的搬运,利用虚拟电机法使工件在传送带和料井中进行运动,利用仿真程序编辑器自带的仿真指令控制虚拟电机上工件的显示和隐藏等功能和动作的分别实施,最终由编写的主程序调用各个模块的子程序实现了在复杂场景下的机器人搬运流程。通过任务中实现不同模块功能的方法和技能的学习,读者应能够在以后搬运类型仿真工作站的搭建与程序编写中达到举一反三的效果。

学后测评

如图 10-94 所示,在 ROBOGUIDE 软件中建立一个虚拟工作站。工作站中选用 FANUC M-10iD/12 搬运机器人,在此仿真工作站中,使用一台带夹爪工具的机器人从一个 Fixture 上抓取 Part 放置到另一个 Fixture 上,并完成仿真动作及程序编写,其中工作站中 Fixture 和 Part 大小及位置参数自定义设置。

图 10-94 分拣简易工作站

任务十一
码垛工作站离线编程仿真

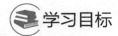

知识目标：
1. 掌握码垛寄存器指令的种类、机器人 I/O 信号的设置；
2. 掌握工业机器人码垛程序种类及程序示教方法；
3. 掌握可编程序逻辑控制器的程序编辑及调试方法。

技能目标：
1. 能够创建码垛工作站系统及配置工作流程；
2. 能够使用码垛堆积指令进行码垛工作站编程；
3. 能够进行多机器人 I/O 信号交互仿真。

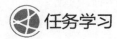

一、知识链接

1. 码垛工作站的认知

码垛就是把货物按照一定的摆放顺序与层次整齐地堆叠好。物件的搬运和码垛是现实生活中常见的一种作业形式。通常，这种作业劳动强度大且具有一定的危险性。目前，工业机器人正在逐步地替代人工劳动。这种做法在提高工作效率的同时，也体现了劳动保护和文明生产的先进程度。一般来说，码垛机器人工作站是一种集货物搬运、自动装箱等功能于一体的高度集成化系统。它通常包括工业机器人、控制器、TP、机器人夹具、自动拆/叠机、输送托盘、定位设备和码垛模式软件等部分。有些码垛工作站还配置自动称重、贴标签和检测通信系统，并与生产控制系统相连接，以形成一个完整的集成化包装生产线。

2. 寄存器指令的使用

FANUC 机器人中的寄存器包括数值寄存器、位置寄存器、码垛寄存器和字符串寄存器。

(1) 数值寄存器

数值寄存器用来存储某一整数值或实数值的变量，数值寄存器指令是进行数值寄存器算术运算的指令。在标准情况下，FANUC 机器人可提供 200 个数值寄存器。数值寄存器的显示和设定，可在虚拟示教器数值寄存器界面上进行。数值寄存器的使用方法见表 11-1。

表 11-1 数值寄存器使用及运算方法

名称	描述	说明
格式	R[i]=(值)指令:	将某一值代入数值寄存器
	R[i]=(值)-(值)指令:	将2个值的差代入数值寄存器
	R[i]=(值)*(值)指令:	将2个值的积代入数值寄存器
	R[i]=(值)/(值)指令:	将2个值的商代入数值寄存器
	R[i]=(值)MOD(值)指令:	将2个值的余数代入数值寄存器
	R[i]=(值)DIV(值)指令:	将2个值的商的整数值部分代入数值寄存器,R[i]=$(x-(x \text{ MOD } y))/y$
值	AR[i]	
	常数	
	R[i]	寄存器[i]的值
	PR[i,j]	位置寄存器要素[i,j]的值
	GI[i]:	组输入信号
	GO[i]:	组输出信号
	AI[i]:	模拟输入信号
	AO[i]:	模拟输出信号
	DI[i]:	数字输入信号
	DO[i]:	数字输出信号
	RI[i]:	机器人输入信号
	RO[i]:	机器人输出信号
	SI[i]:	操作面板输入信号
	SO[i]:	操作面板输出信号
	UI[i]:	外围设备输入信号
	UO[i]:	外围设备输出信号
	TIMER[i]:	程序计时器[i]的值
	TIMER_OVERFLOW[i]:	程序计时器[i]的溢出旗标 0:计时器没有溢出 1:计时器溢出 计时器旗标通过 TIMER[i]=复位指令被清除
示例	数值寄存器可执行"+""-"和"*""/"等运算指令 (1)R[i]=1 (2)R[i]=1+2	将某一值代入数值寄存器或将两个值的运算结果代入数值寄存器

(2) 位置寄存器

① 位置寄存器指令。位置寄存器用来存储位置资料的变量。位置寄存器指令是进行位置寄存器算术运算的指令。位置寄存器指令可进行代入、加法运算和减法运算处理,以与数值寄存器指令相同的方式记述。标准情况下,FANUC 机器人可提供 100 个位置寄存器。位置寄存器的显示和设定,可在虚拟示教器位置寄存器界面上进行。表 11-2 所示为位置寄存器指令使用及运算方法。

表 11-2 位置寄存器指令使用及运算方法

名称	描述	说明
格式	(1)PR[i]=(值)指令:	将位置资料代入位置寄存器
	(2)PR[i]=(值)+(值)指令:	将 2 个值的和代入位置寄存器
	(3)PR[i]=(值)-(值)指令:	将 2 个值的差代入位置寄存器
值	PR[i]:	位置寄存器[i]的值
	P[i]:	程序内的示教位置[i]的值
	LPOS:	当前位置的直角坐标值
	JPOS:	当前位置的关节坐标值
	UFRAME[i]:	用户坐标系[i]的值
	UTOOL[i]:	工具坐标系[i]的值
示例	(1)PR[1]=LPOS	将当前直角坐标值位置信息赋值给 P[1],如 PR[1]=LPOS,实则 PR[1]=(X、Y、Z、W、P、R),例如 P[1]=(0、0、0、0、-90、0)
	(2)PR[2]=P[1]±PR[2]	将 P[1]中的数值与 PR[2]中的数值相加减代入 PR[2]。PR[i]进行加减运算时,PR[i]中每个变量相加减。以 PR[2]=P[1]+PR[1]为例,P[1]值为正交形式值(300,300,300,300,300,300),PR[1]值为正交形式值(50,50,50,50,50,50),则 PR[2]值为(350,350,350,350,350,350) 注意:同形式存储变量才可参与运算。位量寄存器只可执行 "+" "-" 运算

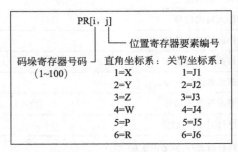

图 11-1 PR [i, j] 的构成

② 位置寄存器要素指令。位置寄存器 PR [i]仅支持整体运算,当只运算其中某一元素时,须使用位置寄存器要素指令 PR [i, j],位置寄存器要素指令是进行位置寄存器要素算术运算的指令。PR [i, j] 的 i 表示位置寄存器号码,j 表示位置寄存器的要素号码,如图 11-1 所示。位置寄存器要素指令可进行代入、加法运算和减法运算,以与数值寄存器指令相同的方式记述,具体位置寄存器要素指令如表 11-3 所述。

表 11-3 位置寄存器要素使用及运算方法

名称	描述	说明
格式	(1)PR[i,j]=(值)指令:	将位置资料的要素值代入位置寄存器要素
	(2)PR[i,j]=(值)+(值)指令:	将 2 个值的和代入位置寄存器要素
	(3)PR[i,j]=(值)-(值)指令:	将 2 个值的差代入位置寄存器要素
	(4)PR[i,j]=(值)*(值)指令:	将 2 个值的积代入位置寄存器要素
	(5)PR[i,j]=(值)/(值)指令:	将 2 个值的商代入位置寄存器要素
	(6)PR[i,j]=(值)MOD(值)指令:	将 2 个值的余数代入位置寄存器要素
	(7)PR[i,j]=(值)DIV(值)指令:	将 2 个值的商的整数值部分代入位置寄存器要素

续表

名称	描述	说明
值	AR[i]	
	常数	
	R[i]	寄存器[i]的值
	PR[i,j]	位置寄存器要素[i,j]的值
	GI[i]：	组输入信号
	GO[i]：	组输出信号
	AI[i]：	模拟输入信号
	AO[i]：	模拟输出信号
	DI[i]：	数字输入信号
	DO[i]：	数字输出信号
	RI[i]：	机器人输入信号
	RO[i]：	机器人输出信号
	SI[i]：	操作面板输入信号
	SO[i]：	操作面板输出信号
	UI[i]：	外围设备输入信号
	UO[i]：	外围设备输出信号
	TIMER[i]：	程序计时器[i]的值
	TIMER_OVERFLOW[i]：	程序计时器[i]的溢出旗标 0：计时器没有溢出 1：计时器溢出 计时器旗标通过 TIMER[i]=复位指令被清除
示例	(1)PR[1,5]=(-90)	将 PR[1]中的 J5 轴设置为-90°
	(2)PR[1,1]=50	设置 PR[1]中的 X 轴值为 50mm
	(3)PR[2,1]=PR[1,1]±25	将 PR[1,1]中的位置要素数值与 25 相加代入 PR[2,1]。PR[1,1]和 PR[2,1]中的 1 指的是坐标 X 的值

(3) 码垛寄存器

码垛寄存器运算指令是进行码垛寄存器算术运算的指令。码垛寄存器运算指令可进行代入、加法运算、减法运算处理，以与数值寄存器指令相同的方式记述，见表 11-4。码垛寄存器存储有码垛寄存器要素（i，j，k）。码垛寄存器在所有程序中可以使用 32 个。

码垛寄存器要素是指定代入到码垛寄存器或进行运算的要素。要素的指定方式有下面 3 类。

直接指定：直接指定数值。

间接指定：通过 R［i］的值予以指定。

无指定：在没有必要变更要素的情况下不予指定。

表 11-4 码垛寄存器指令使用及运算方法

名称	描述	说明
格式	(1)PL[i]=(值)指令:	将码垛寄存器要素代入码垛寄存器
	(2)PL[i]=(值)(算符)(值)指令:	进行算术运算,将该运算结果代入码垛寄存器
值	PL[i]	码垛寄存器[i]
	[i,j,k]	码垛寄存器要素,行(i)、列(j)、层数(k)(i,j,k 取值范围为1~127)
示例	(1)PL[i]=(i,j,k)	PL[i]中的 i 表示码垛寄存器号码(1~32) i,j,k 表示码垛寄存器要素,内容如下 直接指定:行(i)、列(j)、层数(k)(i,j,k 取值范围为 1~127) 间接指定:R[i]的值 无指定:* 表示没有变更
	(2)PL[1]=[* ,R[1],1]	将码垛寄存器要素代入码垛寄存器

（4）字符串寄存器

字符串寄存器存储包含英文、数字的字符串。每个字符串寄存器最多可以存储 254 个字符,标准情况下,字符串寄存器数为 25 个。字符串寄存器数可在控制启动时增加。字符串寄存器界面上显示各字符串寄存器的当前值。可以在字符串寄存器界面上,变更字符串寄存器的值以及追加注解。

3. 码垛堆积功能

码垛堆积是指按照一定规律将工件从下往上按照顺序堆叠,反之则称为拆垛。工业机器人移动工件到堆上的轨迹称为经路式样,堆叠的方式称为堆上式样。利用工业机器人自带码垛堆积功能,只需示教几个代表性的点即可完成码垛堆积,通过对堆上点的代表点进行示教,即可简单创建堆上式样;通过对路经点(接近点、逃离点)进行示教,即可创建经路式样;通过设定多个经路式样,即可进行多种多样的码垛堆积。码垛堆积结构如图 11-2 所示。

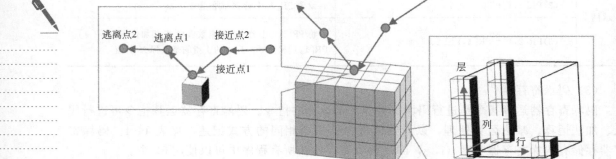

图 11-2 码垛堆积结构

根据不同的堆上式样和经路式样，码垛堆积可分为 B、BX、E、EX 四种类型，见表 11-5。堆上式样及经路式样如图 11-3 和图 11-4 所示。码垛堆积功能只能在世界坐标系下使用，所以行、列、层方向固定。

表 11-5 码垛堆积类型

码垛堆积类型	说明
码垛堆积 B	工件姿势一定，堆上时地面为平行四边形
码垛堆积 BX	堆上方式与上相同，但有多个经路式样
码垛堆积 E	工件姿势不定，堆上时地面为非平行四边形
码垛堆积 EX	堆上方式与上相同，且有多个经路式样

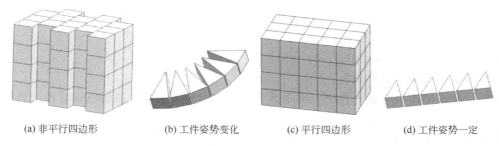

(a) 非平行四边形　　(b) 工件姿势变化　　(c) 平行四边形　　(d) 工件姿势一定

图 11-3 堆上式样

（1）码垛堆积 B

码垛堆积 B 对应所有工件的姿态一定、堆上时的底面形状为直线或者平行四边形的情形，如图 11-3 所示。

（2）码垛堆积 E

码垛堆积 E 对应更为复杂的堆上式样的情形，如希望改变工件姿态的情形、堆上时的底面形状不是平行四边形的情形等，如图 11-3 所示。

（3）码垛堆积 BX、码垛堆积 EX

码垛堆积 B 和码垛堆积 E 只能设定一个经路式样，无法满足部分复杂情况下的实际需求。此时可以使用码垛堆积 BX 和码垛堆积 EX，设定多个经路式样，如图 11-4 所示。

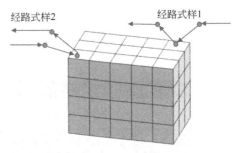

图 11-4 经路式样

4. 码垛指令

（1）码垛堆积指令

基于码垛寄存器的值，码垛堆积指令根据堆上式样计算当前的堆上点位置，并根据经路式样计算当前的路径，改写码垛堆积动作指令的位置数据，如图 11-5 所示。

图 11-5 码垛堆积指令

（2）码垛堆积动作指令

码垛堆积动作指令是以使用具有接近点、堆上点、逃离点的路径点作为位置数据的动作指令，如图 11-6 所示。它是码垛堆积专用的动作指令。

通过码垛堆积指令，该位置数据每次都被改写。

(3) 码垛堆积结束指令

码垛堆积结束后，码垛堆积结束指令计算下一个堆上点，改写码垛寄存器的值，如图11-7所示。

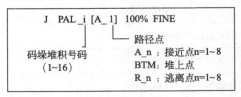

图 11-6　码垛堆积动作指令

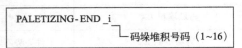

图 11-7　码垛堆积结束指令

注：码垛堆积号码，在示教完码垛堆积的数据后，随同指令（码垛堆积指令、码垛堆积动作指令、码垛堆积结束指令）一起被自动写入。此外，在对新的码垛堆积进行示教时，码垛堆积号码将被自动更新。

5. 码垛指令初期资料

(1) 码垛指令初期资料配置

在码垛堆积初期资料输入界面，设定进行什么样的码垛堆积。根据码垛堆积的种类，初期资料输入界面有 4 类显示，如图 11-8 所示。

码垛堆积初期资料配置说明见表 11-6。

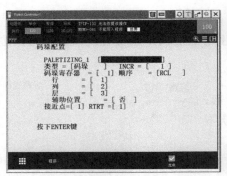

(a) 码垛堆积B的情形

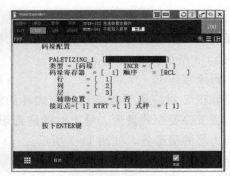

(b) 码垛堆积BX的情形

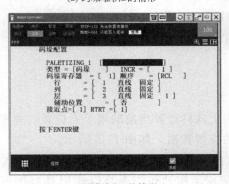

(c) 码垛堆积E的情形

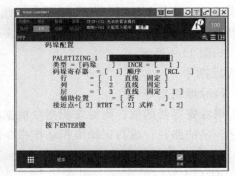

(d) 码垛堆积EX的情形

图 11-8　码垛堆积 4 种情形

表 11-6 码垛堆积初期资料配置说明

配置项	说明
PALETIZING[式样]_i	系统自动分配码垛序号 i,最多支持 16 个码垛程序,[]内输入该码垛序号注释
类型	可设置为拆垛或码垛,码垛时 PL[i]为增计数,拆垛时 PL[i]为减计数
INCR	每次运行码垛程序的递增个数
码垛寄存器	码垛寄存器 PL[i]保存当前码垛的行、列、层信息,每运行一次码垛程序该值加/减 INCR 所设置数值,直到等于设置目标后从初始值重新开始计算,每个 PL[i]只属于一个码垛配置
顺序	设置码垛/拆垛的顺序,其中 R 为行,C 为列,L 为层,如 RCL 即先码行,再码列,最后码层数
行、列、层	设置码垛的行、列、层数值
辅助位置	该配置仅在 E、EX 模式下有效,用于控制辅助位置的姿态
接近点	接近点个数,根据工业机器人活动空间设置,最大值为 8
RTRT	逃离点个数,其他与接近点相同

(2) 码垛底部点

码垛堆积初期资料配置完成设置后进入码垛底部点示教,示教码垛底部工件摆放位置,根据系统要求示教底部点个数,如图 11-9 所示。

(3) 经路式样

码垛底部点设置完成,自动进入经路式样示教界面,经路式样示教时可选择示教码垛中任意工件,如图 11-10 所示。

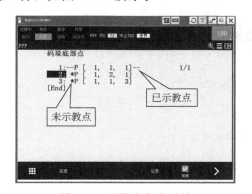

图 11-9 码垛底部点示教

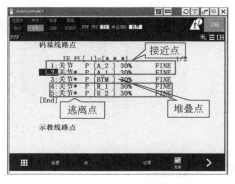

图 11-10 示教经路式样

6. FOR/ENDFOR 指令

FOR/ENDFOR 指令是一种循环指令,包括 FOR 指令和 ENDFOR 指令,如图 11-11 所示。FOR 指令表示循环区间的开始;ENDFOR 指令表示循环区间的结束。

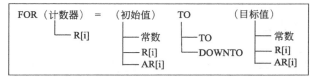

图 11-11 FOR 指令结构

① 计数器使用寄存器。
② 初始值使用常数、寄存器、自变量。常数可以指定从－32767～32766 的整数。
③ 目标值使用常数、寄存器、自变量。常数可以指定从－32767～32766 的整数。
④ 指定 TO 时，初始值在目标值以下；指定 DOWNTO 时，初始值在目标值以上。通过用 FOR 指令和 ENDFOR 指令来包围程序中需要反复执行的区间，就形成 FOR/ENDFOR 区间。根据由 FOR 指令指定的值，确定 FOR/ENDFOR 区间反复的次数。需要注意的是二者在同一程序中必须组合使用，出现的次数必须相同。

二、任务描述

仿照真实的工作现场在软件中建立一个虚拟工作站。在此仿真工作站，使用一台带吸盘工具的机器人（机器人 1）在一个"Fixture"上执行拆垛功能，将 12 个"Part"依次放置倍速链始端运行至倍速链末端，再由另外一台带吸盘工具的机器人（机器人 2）拾取"Part"到另一个"Fixture"上进行码垛。工作站中选用 FANUC M-10iA/12 搬运机器人，如图 11-12 所示。

码垛离线编程仿真

仿真动画

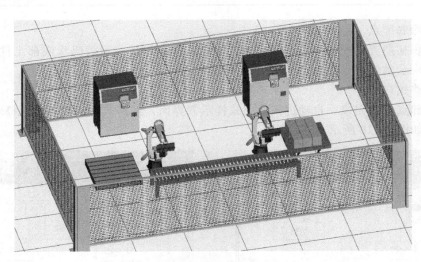

图 11-12　简易码垛工作站

三、关键设备

安装 ROBOGUIDE 软件的电脑一台。

四、工作站的创建与仿真动画

任务实施

步骤 1　创建码垛工作站

1. 创建机器人工程文件

创建机器人工程文件，将其命名为"码垛工作站离线编程仿真"，然后选择"LR Handling Tool"搬运软件工具，选用 FANUC M-10iA/12 机器人，结果如图 11-13 所示。

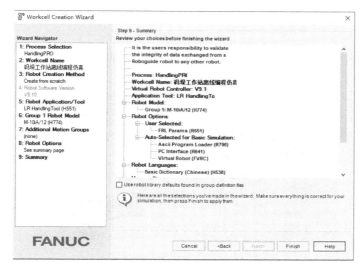

图 11-13　工程文件的创建

2. 机器人模组添加设置

在"Cell Browser"（导航目录）窗口中，选择"C：1-Robot Controller1"→"Add Robot"→"Add Robot Clone"（添加机器人的副本），若添加其他型号的机器人则选择"Single Robot-Serialize Wizard"（向导），添加完成后，调整机器人至合适位置并单击"Apply"按钮确认，添加完成后结果如图 11-14 所示。

机器人模组的添加与设置

注："Robot Controller1"（机器人 1）用来执行拆垛功能，"Robot Controller2"（机器人 2）用来执行码垛功能。

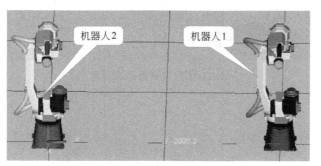

图 11-14　机器人模组添加设置

3. 创建工作站模型

（1）添加 Fixtures 模型

执行菜单命令"Cell"→"Add Fixtures"，将图 11-15 中的模型依次添加到工作站中并调整大小和位置。其中架子是导入的外部模型，其他的则是软件的自带模型。

（2）添加 Machines 模型

执行菜单命令"Cell"→"Add Machines"，将图 11-16 中的"倍速链"模型添加到工作站中并调整大小和位置。

（3）添加其他模型

执行菜单命令"Cell"→"Add Obstacle"，将图 11-17 中的模型添加到工作站中并调整大小和位置。

工装的添加与设置

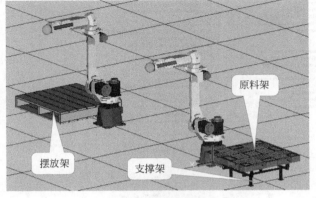

图 11-15　工装模型添加设置

Machines的添加与设置

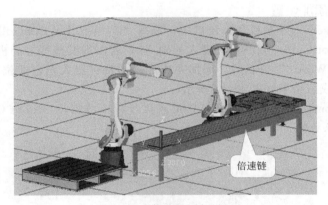

图 11-16　倍速链添加设置

Obstacle的添加与设置

图 11-17　其他模型添加设置

(4) Part 模型的添加和关联设置

本任务共用到 1 种 Part 模型（12 个长方体物料）。12 个长方体物料分别关联在原料架和摆放架上。在世界坐标系下，原料架上物料拆垛前的堆叠形状为 2 行（X 方向）、3 列（Y 方向）、2 层（Z 方向），摆放架上物料码垛后的形状为 2 行、2 列、3 层，如图 11-18 和图 11-22 所示。

Part模型的添加和关联设置

① 执行菜单命令"Cell"→"Add Part"→"Box"，创建长方体物料至工作站中并调整大小尺寸（X：340mm；Y：170mm；Z：100mm）。

② 在"Cell Browser"（导航目录）窗口中的 Fixtures 模块下双击"原料架"，打开其属性设置窗口。选择"Part"选项，将长方体物料模型关联添加到"原料架"上，并调整位置。最终结果如图 11-19 所示。

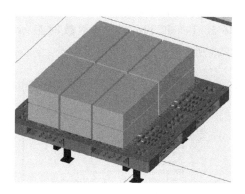

图 11-18 工件布局堆叠样式

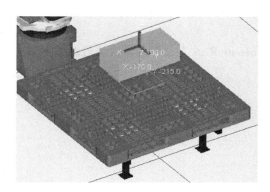

图 11-19 长方体物料在原料架上的位置

a. 在"原料架"属性设置界面，"Part"选项下，单击"Add"按钮，弹出"Place Parts"（工件的布局）窗口，设置"长方体物料"的布置方式、工件数、位置，如图 11-20 所示。

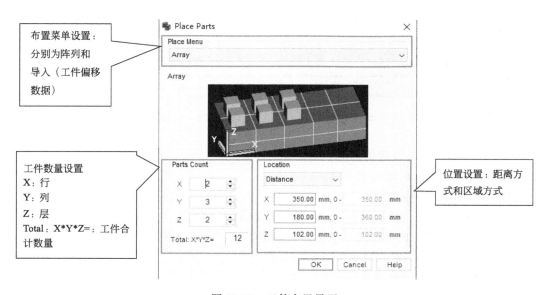

图 11-20 工件布置界面

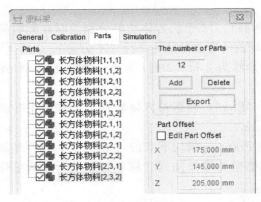

图 11-21　长方体物料原料架上坐标显示

b. 设置完成后，单击"OK"按钮，"原料架"上工件堆叠形状如图 11-18 所示，此时"原料库"属性设置窗口，"Parts"选项下显示所有长方体物料及坐标位置，如图 11-21 所示。

③ 按照"原料库"关联长方体物料的设置方法，在"Cell Browser"（导航目录）窗口中"Fixtures"模块下，选择"摆放架"设置关联物料，摆放架上物料码垛后的形状为 2 行（X 方向）、2 列（Y 方向）、3 层（Z 方向），如图 11-22 所示。物料添加设置完成后，取消勾选"Visible at Teach Time"（示教时显示）和"Visible at Run Time"（开始执行时显示），如图 11-23 所示。

工具的添加与设置

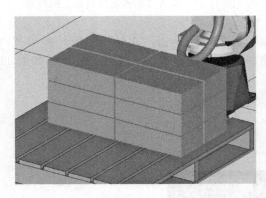

图 11-22　摆放架工件布局堆叠样式

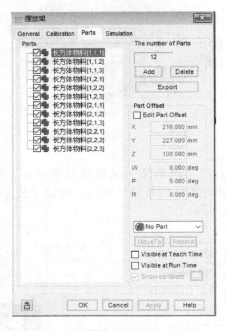

图 11-23　长方体物料摆放架上坐标显示

步骤 2　添加工具与设置仿真

1. 添加机器人 1 工具与设置仿真

（1）添加机器人 1 吸盘

在"Cell Browser"（导航目录）窗口中双击机器人 1 下的"UT：1"，弹出其属性设置窗口，选择"General"选项，选择软件自带模型库中"vacuum01"吸盘，并调整大小及其位置。

（2）设置机器人 1 吸盘工具坐标系

将吸盘工具的工具坐标系原点设置在吸嘴的位置（模型的最下方），设置完成后的状态如图 11-24 所示。

（3）关联工件模型

给吸盘工具添加"Part"模型文件。将长方体物料关联到吸盘工具上，并调整好位置，物料添加并设置完成后的最终状态如图 11-25 所示。

图 11-24　吸盘 1 TCP 的位置　　　　　图 11-25　添加长物体物料的吸盘

2. 添加机器人 2 工具与设置仿真

按照"添加机器人 1 吸盘"的设置方法，将吸盘添加到机器人 2 下的"UT：1"，重命名为"吸盘 2"，设置吸盘工具 TCP 位置，将"长方体物料"关联至吸盘上，调整大小及其位置，如图 11-25 所示。

步骤 3　创建"倍速链"虚拟电机与 I/O 连接设置仿真

"倍速链"需添加 1 个虚拟电机控制，用于物料从倍速链始端传送至倍速链末端。

1. 创建直线"虚拟电机 1"及设置仿真

（1）创建"倍速链"虚拟直线电机

在"Cell Browser"（导航目录）窗口中，鼠标右键单击"倍速链"，执行菜单命令"Add Link"→"Box"，创建一个简单的几何体作为虚拟电机的运动轴，在弹出的属性设置窗口中，选择"Link CAD"选项卡，设置大小（X：20mm；Y：20mm；Z：0mm）及位置（X：2450mm；Y：174mm；Z：0mm；W：0；P：0；R：0），如图 11-26 所示。在"General"选项卡下设置虚拟电机运动方向。

"倍速链"虚拟电机的创建与设置

（2）关联 Part 物料

在"虚拟电机 1"属性设置窗口中，切换到"Parts"选项卡下，为运动轴添加所要携带的 Part。将"长方体物料"添加到"虚拟电机 1"轴上，并调整好位置，如图 11-27 所示。

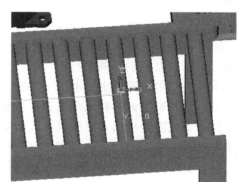

图 11-26　虚拟电机 1 轴模型调整完成后的位置

（3）设置仿真

切换至"Motion"选项卡下，设置虚拟电机轴的运动参数，其中各项参数的值如图 11-28 所示。

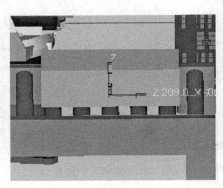

图 11-27　长方体物料在"虚拟电机 1"轴上的位置

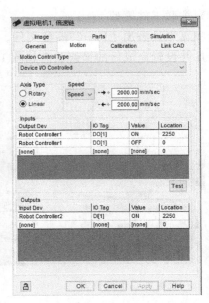

图 11-28　"虚拟电机 1"轴的运动参数

2. Machines 模块的最终结构及通信

虚拟电机设置完成后，Machines 模块中总共包含 1 个虚拟直线电机和 1 个电机运动轴，如图 11-29 所示。运动轴分别接收机器人 1 的 1 个控制信号和向机器人 2 反馈的 1 个到位信号，如表 11-7 所示。

图 11-29　"Machines"总体结构图

表 11-7　虚拟电机通信表

运动轴	输出信号（机器人 1 控制器信号）	输入信号（物料到位信号）
虚拟电机 1	DO[1]	DI[1]

3. I/O 通信设置

除了机器人与外围设备之间的 I/O 信号交互以外，机器人与机器人之间也需要进行信号交互仿真，以实现协调运行。

本任务中倍速链"虚拟电机 1"的运动由机器人 1 控制，当"虚拟电机 1"将工件输送到位后，只有机器人 2 将工件抓走，机器人 1 才能向"虚拟电机 1"发送返回信号，因此工件被抓走后就需要机器人 2 向机器人 1 发送一个工件已被抓走的反馈信号，所以需创建机器人 1 和机器人 2 之间的 I/O 信号连接。

(1) 打开 I/O InterConnects 设置面板

执行菜单命令"Cell"→"I/O InterConnections"（I/O 连接），打开"I/O InterConnects"（I/O 设置面板），如图 11-30 所示。

(2) 设置机器人 1 与机器人 2 的 I/O 连接

在"I/O 连接"设置面板中，添加机器人 2 数字量输出信号"DO [1]"与机器人 1 数字量输入信号"DI [2]"之间的连接关系，如图 11-30 所示。当机器人 2 从倍速链上抓走工件后"DO [1]"信号置位，机器人 1 的工件已抓走反馈信号"DI [2]"切换为"ON"状态，机器人 1 将控制输送带的"虚拟电机 1"返回，机器人 1 与机器人 2 通信见表 11-8。

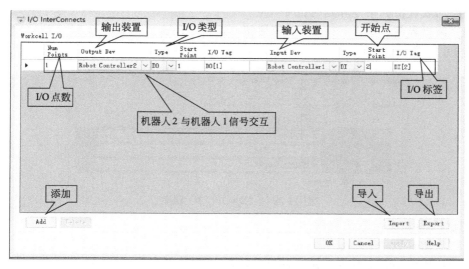

图 11-30 I/O 连接设置

表 11-8 机器人 1 与机器人 2 通信表

输出信号（机器人 2 控制器信号）	输入信号（物料抓走信号）
DO[1]	DI[1]

步骤 4 创建拆垛与码垛作业程序

1. 创建机器人 1 拾取仿真程序

（1）创建仿真程序

在"Cell Browser"（导航目录）窗口中，选中"C：1-Robot Controller1"（机器人控制器 1），执行菜单命令"Teach"→"Add Simulation Program"，创建一个仿真程序，将程序命名为"PICKUP_1"。

（2）添加拾取仿真指令和延时指令

在程序编辑界面，单击"Inst"下拉按钮，选择"Pickup"拾取指令和"WAIT"延时指令，如图 11-31 所示。

创建机器人拾取与放置物料程序

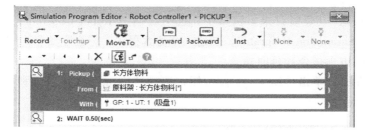

图 11-31 "PICKUP_1"程序

2. 创建机器人 1 放置仿真程序

（1）创建仿真程序

在"Cell Browser"（导航目录）窗口中，选中"C：1-Robot Controller1"，执行菜单命令"Teach"→"Add Simulation Program"，创建一个仿真程序，将程序命名为"DROP_1"。

(2) 添加放置仿真指令和延时指令

在程序编辑界面，单击"Inst"下拉按钮，选择"Drop"放置指令和"WAIT"延时指令，如图 11-32 所示。

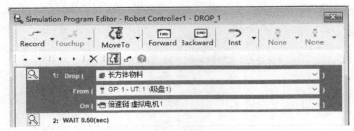

图 11-32　"DROP_1"程序

3. 创建机器人 2 拾取仿真程序

(1) 创建仿真程序

在"Cell Browser"（导航目录）窗口中，选中"C：2-Robot Controller2"（机器人控制器 2），执行菜单命令"Teach"→"Add Simulation Program"，创建一个仿真程序，将程序命名为"PICKUP_2"。

(2) 添加拾取仿真指令和延时指令

在程序编辑界面，单击"Inst"下拉按钮，选择"Pickup"拾取指令和"WAIT"延时指令，如图 11-33 所示。

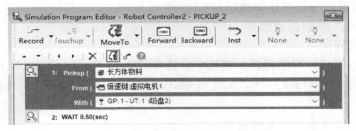

图 11-33　"PICKUP_2"程序

4. 创建机器人 2 放置仿真程序

(1) 创建仿真程序

在"Cell Browser"（导航目录）窗口中，选中"C：2-Robot Controller2"，执行菜单命令"Teach"→"Add Simulation Program"，创建一个仿真程序，将程序命名为"DROP_2"。

(2) 添加放置仿真指令和延时指令

在程序编辑界面，单击"Inst"下拉按钮，选择"Drop"放置指令和"WAIT"延时指令，如图 11-34 所示。

图 11-34　"DROP_2"程序

5. 创建机器人 1 拆垛程序

（1）创建机器人 1 自动拆垛仿真程序

在"Cell Browser"（导航目录）窗口中，选中"C：1-Robot Controller1"，单击工具栏虚拟示教器图标 ，打开虚拟示教器，利用虚拟 TP 创建一个仿真程序，将程序命名为"CHAIDUO"。

创建机器人
1拆垛程序

（2）调用工具坐标系 1

单击虚拟示教器（TP）切换图标 ，选择"指令"→"偏移/坐标系选择"→"UTOOL_NUM=…"（工具坐标系）→"常数"→输入数字"1"。

（3）设置 HOME 点

选择动作指令"J P [ ] 100% FINE"，记录第 1 个点，在"J P [1] 100% FINE"运动指令中，移动光标至 [1]，点击虚拟示教器（TP）按钮 ，修改位置信息，点击 按钮，选择关节，把第 5 轴改为 −90°，其他轴均为 0°，单击"完成"确认，HOME 点更新至 P [1]。

（4）添加码垛寄存器指令

初始化码垛寄存器"PL [1]"，选择"指令"→"数值寄存器"→"1…=…"→"PL [ ]"，输入"1"→"[i, j, k]"，拆垛顺序从上往下依次递减，拆垛工件数量为 12 个，码垛寄存器指令设置为 PL [1] = [2, 3, 2]，设置完成后，运行一次程序，此时将码垛寄存器 PL [1] = [1, 1, 1] 初始化为 PL [1] = [2, 3, 2]，如图 11-35 所示。

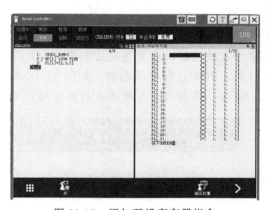

图 11-35 添加码垛寄存器指令

（5）添加循环指令

添加 FOR 循环指令，设置完成后程序如图 11-36 所示。

（6）添加等待 DI 指令

添加等待 DI [2]，设置完成后程序如图 11-37 所示。

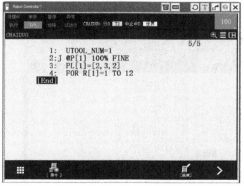

图 11-36 添加循环指令

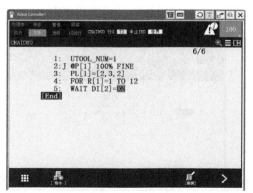

图 11-37 添加 WAIT DI [2] = ON

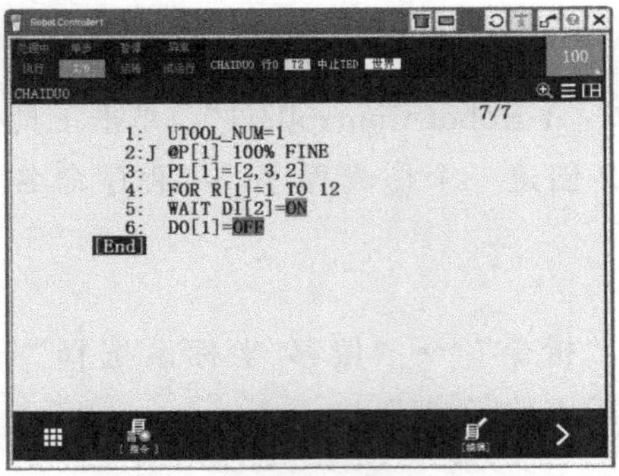

(7) 复位 DO [1]

添加复位信号"DO [1] =OFF",设置完成后程序如图 11-38 所示。

(8) 添加关节动作指令

移动机器人到拆垛第一点位置上方,记录关节动作指令"J P [2] 100% FINE"。

(9) 添加拆垛指令

添加拆垛指令,选择"指令"→"码垛"→"PALLETIZING-B",按照图 11-39 所示进行码垛配置,设置完成后,单击"完成"按钮;按照图 11-40 所示,示教拆垛底部点,移动机器人至所给出的拆垛坐标位置,按下 Shift 加 记录 ,记录系统所给出的拆垛底部点,记录完成后,前面"*"符号变成"--"符号,底部点示教完成后,单击"完成"按钮;设置拆垛线路点[接近点、堆叠点(此处指拆垛点)、逃离点],更改动作指令类型,将光标移至堆叠点位置,单击虚拟示教器上 点 ,选择直线运动指令"L P [] 100mm/sec FINE",将关节运动类型更改为直线运动,设置完成后如图 11-41 所示,设置完成后,单击"完成"按钮进入程序编辑界面,码垛 B 程序已添加,如图 11-42 所示。

注意:因为此处实现的是拆垛功能,所以在选择码垛类型时需选择拆垛。

图 11-38 添加 DO [1] =OFF

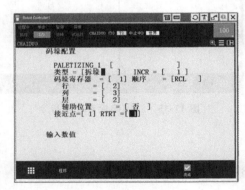

图 11-39 拆垛配置设置

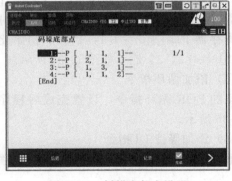

图 11-40 拆垛底部点设置

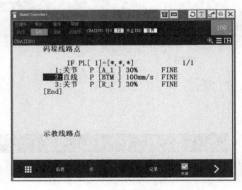

图 11-41 拆垛线路点设置

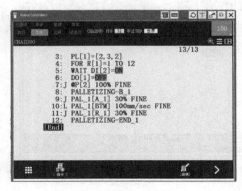

图 11-42 拆垛程序 B_1

(10) 调用"PICKUP_1"拾取程序

码垛指令添加进来不能直接使用,码垛程序只执行码垛轨迹和抓取点位置,不会进行抓取和放置动作,需要调用子程序"PICKUP_1",如图 11-43 所示。

(11) 添加放置物料接近点

将光标移动到[End],移动机器人到倍速链放置工件物料上方,记录关节动作指令"J P[3] 100% FINE"。

(12) 添加放置物料位置点

移动机器人到倍速链放置工件物料位置,记录直线动作指令"L P[4] 100mm/sec FINE"。

(13) 调用"DROP_1"放置程序

调用"DROP_1"放置程序如图 11-44 所示。

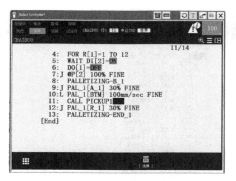

图 11-43 调用"PICKUP_1"程序

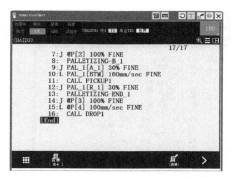

图 11-44 调用"DROP_1"程序

(14) 添加逃离点

移动机器人到倍速链放置工件物料位置上方,记录直线动作指令"L P[5] 100mm/sec FINE"。

(15) 置位 DO[1]

添加置位信号 DO[1]=ON,设置完成后程序如图 11-45 所示。

(16) 添加延时指令

添加 WAIT 延时指令,设置延时 WAIT=2(sec)。

(17) 添加循环结束指令

添加循环结束 ENDFOR 指令,设置完成后程序如图 11-46 所示。

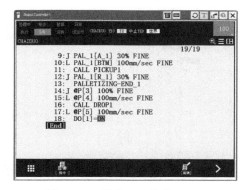

图 11-45 置位 DO[1]=ON

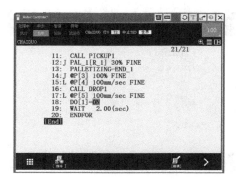

图 11-46 添加 ENDFOR 指令

(18) 添加 HOME 点

选择动作指令"J P [ ] 100% FINE",记录"J P [6] 100% FINE",把第 5 轴改为 −90°,其他轴均为 0°,设置完成后完整的拆垛程序如图 11-47 所示。

6. 创建机器人 2 码垛程序

(1) 创建机器人 2 码垛仿真程序

在"Cell Browser"(导航目录)窗口中,选中"C:2-Robot Controller2",单击工具栏虚拟示教器图标 ,打开虚拟示教器,利用虚拟 TP 创建一个仿真程序,将程序命名为"MADUO"。

(2) 创建程序

按照图 11-48,创建机器人 2 码垛程序。

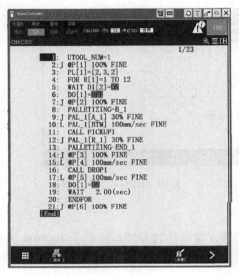 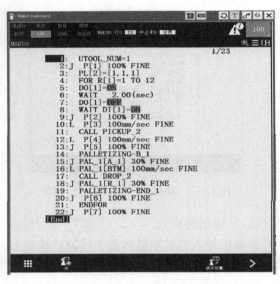

图 11-47 "CHAIDUO"程序　　　　　图 11-48 "MADUO"参考程序

注:添加码垛程序时,因为机器人 1 实现的是拆垛,机器人 2 实现的是码垛,所以在码垛类型选择时,机器人 2 码垛程序配置中选择的是码垛。

码垛配置如图 11-49 所示;码垛底部点设置如图 11-50 所示;码垛线路点设置如图 11-51 所示。

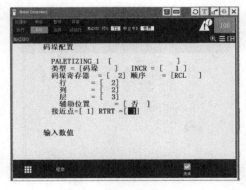 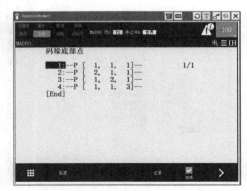

图 11-49 码垛配置设置　　　　　图 11-50 码垛底部点设置

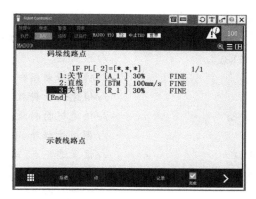

图 11-51　码垛线路点设置

步骤 5　参考程序及注释

(1) 机器人 1 子程序 PICKUP_1

```
1:Pickup(长方体物料[ * ])From(原料架:长方体物料[ * ])With(GP:1-UT:1(吸盘 1))
                                    //设置抓取指令
2:WAIT 0.50(sec)                    //设置延时 0.5s
```

(2) 机器人 2 子程序 DROP

```
1:Drop(长方体物料)From(GP:1-UT:1(吸盘 1))On(倍速链:虚拟电机 1)
                                    //设置放置指令
2:WAIT 0.50(sec)                    //设置延时 0.5s
```

(3) 机器人 2 子程序 PICKUP_1

```
1:Pickup(长方体物料)From(倍速链:虚拟电机 1)With(GP:1-UT:1(吸盘 2))
                                    //设置抓取指令
2:WAIT 0.50(sec)                    //设置延时 0.5s
```

(4) 机器人 2 子程序 DROP

```
1:Drop(长方体物料)From(GP:1-UT:1(吸盘 2))On(摆放架:长方体物料[ * ])
                                    //设置放置指令
2:WAIT 0.50(sec)                    //设置延时 0.5s
```

(5) 机器人 1 拆垛主程序

```
1:UTOOL_NUM = 1;                    //工具坐标系为 1
2:J P[1]100 % FINE;                 //设置 HOME 点
3:PL[1] = [2,3,2];                  //将码垛寄存器 1 初始化
4:FOR R[1] = 1 TO 12;               //FOR 循环指令,循环 12 次
5:WAIT DI[2] = ON;                  //等待 DI[2] = ON 反馈信号
6:DO[1] = OFF;                      //复位虚拟电机 1 传输信号
7:J P[2]100 % FINE;                 //运动到原料架[2,3,2]物料上方的安全点
8:PALLETIZING-B_1;                  //码垛指令——拆垛
9:J PAL_1[A_1]30 % FINE;            //接近点
```

```
10:L PAL_1[BTM]200mm/sec FINE;            //吸取物料点
11:CALL PICKUP_1;                          //调用子程序 PICKUP 开始吸取物料
12:J PAL_1[R_1]30% FINE;                   //逃离点
13:PALLETIZING-END_1;                      //拆垛结束指令
14:J P[3]100% FINE;                        //倍速链物料放置点上方安全点
15:L P[4]100mm/sec FINE;                   //倍速链物料放置点位置
16:CALL DROP_1;                            //调用子程序 DROP(即放置工件)
17:L P[5]100mm/sec FINE;                   //设置逃离点(回到倍速链工件放置点上方)
18:DO[1] = ON;                             //置位虚拟电机 1 传输信号
19:WAIT 2.00(sec);                         //设置延时 2s
20:ENDFOR                                  //循环结束指令
21:J P[6]100% FINE;                        //回到 HOME 点位置
```

(6) 机器人 2 码垛主程序

```
1:UTOOL_NUM = 1;                           //工具坐标系为 1
2:J P[1]100% FINE;                         //设置 HOME 点
3:PL[2] = [1,1,1];                         //将码垛寄存器 2 初始化
4:FOR R[1] = 1 TO 12;                      //FOR 循环指令,循环 12 次
5:DO[1] = ON;                              //置位 DO[1]
6:WAIT 2.00(sec);                          //设置延时 2s
7:DO[1] = OFF;                             //复位 DO[1]
8:WAIT DI[1] = ON;                         //等待 DI[1] = ON 反馈信号
9:J P[2]100% FINE;                         //倍速链物料放置点上方安全点
10:L P[3]100mm/sec FINE;                   //倍速链物料放置点位置
11:CALL PICKUP_2;                          //调用子程序 PICKUP 开始吸取物料
12:L P[4]100% FINE;                        //倍速链物料放置点上方安全点
13:J P[5]100mm/sec FINE;                   //运动到摆放架[1,1,1]物料上方安全点
14:PALLETIZING-B_2;                        //码垛指令——码垛
15:J PAL_2[A_1]30% FINE;                   //接近点
16:L PAL_2[BTM]200mm/sec FINE;             //码垛物料堆叠点
17:CALL DROP_1;                            //调用子程序 DROP(即放置工件)
18:J PAL_2[R_1]30% FINE;                   //逃离点
19:PALLETIZING-END_1;                      //码垛结束指令
20:J P[6]100% FINE;                        //回到 HOME 点
21:ENDFOR                                  //循环结束指令
22:J P[7]100% FINE;                        //回到 HOME 点位置
```

步骤 6 测试运行程序

单击工具栏中启动运行按钮 ▶,测试运行仿真程序。

步骤 7 视频录制

打开运行控制面板,单击 按钮可以开始录制视频,单击旁边下拉箭头可以选择 "AVI Record" 和 "3D Player Record" 录制,该任务选择 "3D Player Record" 录制。

步骤 8　保存工作站

单击工具栏上的保存按钮 ▣，保存整个工作站。

至此，码垛工作站离线编程仿真完成。该任务参考评分标准见表 11-9。

表 11-9　参考评分表

序号	考核内容 （技术要求）	配分	评分标准	得分情况	指导教师 评价说明
1	机器人工程文件创建	10 分			
2	Eoat 的创建与设置	10 分			
3	TCP 设置	5 分			
4	Part 的创建与设置	10 分			
5	Fixture 的创建与设置	25 分	模型创建(15 分) 关联工件(10 分)		
6	拆垛主程序创建	20 分			
7	码垛主程序创建	20 分			

任务总结

通过本任务的学习，了解了寄存器指令的分类及组成，寄存器指令的使用方法，码垛指令具体值的意义，以及码垛堆积指令的功能和作用。

通过码垛工作站的创建，读者应具备码垛工作站的组成、码垛作业流程、寄存器指令、码垛形式等分析能力；具备码垛工作站流程配置、码垛程序构建、I/O 信号分配、码垛堆积功能等规划能力；掌握寄存器指令、码垛堆积指令、码垛工作站编程、多机器人 I/O 信号交互仿真等应用能力。

学后测评
创建流程

学后测评

如图 11-52 所示，仿照真实的工作现场在软件中建立一个虚拟工作站。工作站中选用 FANUC R-2000iC/165F 机器人，在此仿真工作站，使用一台带吸盘工具的机器人（机器人 1）在"Fixture"上执行拆垛功能，将 9 个"Part"依次放置传送带始端运行至传送带末端，再由另外一台带吸盘工具的机器人（机器人 2）拾取"Part"到另一个"Fixture"上进行码垛仿真。工作站中模型大小及位置参数自定义设置。

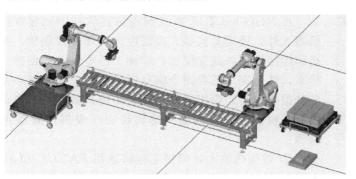

图 11-52　仿真工作站创建

任务十二
焊接工作站离线编程仿真

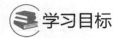

知识目标：
1. 掌握变位机的加载方法；
2. 掌握弧焊机器人系统的创建方法；
3. 掌握弧焊程序创建流程及方法。

技能目标：
1. 能够创建带变位机模组的焊接机器人系统；
2. 能够创建弧焊常用信号和程序数据；
3. 能够创建弧焊程序。

一、知识链接

焊接是工业机器人的主要应用领域之一，而焊接机器人又占了整个工业机器人应用总量的40%以上，占比之所以如此大，与焊接这个工种的特殊性及其对工业的重要性密不可分，故焊接被誉为工业"裁缝"。其焊接质量的好坏将直接影响产品质量的好坏，因此，焊接机器人的应用对焊接行业具有十分重要的意义。

机器人焊接离线编程及仿真技术是利用计算机图形学的成果在计算机中建立起机器人及其工作环境的模型，通过对图形的控制和操作，在不使用实际机器人的情况下进行编程，进而产生机器人程序。机器人焊接离线编程及仿真是提高机器人焊接系统智能化的重要系统之一，是智能焊接机器人软件系统的重要组成部分。

1. 仿真焊接工作站认知

在ROBOGUIDE离线编程仿真软件中创建焊接工作站，除工业机器人外，还需要机器人控制柜、工作站控制柜、清枪站、焊接变位机和焊接设备加载变位机、焊接工件等设备，创建工具数据和工件坐标系，然后调用弧焊指令编写焊接程序。其中核心部分是焊接机器人与变位机，若需要实现复杂运动的仿真就需要两者的完美配合。其他的设备模型可以为机器人的轨迹程序提供位置参考，或者用于碰撞检测。

① 焊接机器人：焊接工作站选用FANUC M-10iA系列小型机器人（如图12-1所示），该机器人属于电缆内置式的多功能机器人，在同系列中具有最高性能的动作能力。

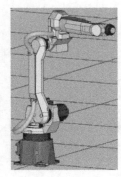

图12-1 FANUC M-10iA 机器人

② 焊接变位机：变位机（如图 12-2 所示）是专用的焊接辅助设备，适用于回转工作的焊接变位，包含一个或者多个变位机轴。焊接变位机一般由工作台回转机构和翻转机构组成，工作台的回转采用变频器无级调速，焊接过程中通过工作台的升降、旋转、翻转等位置的变动使固定在工作台上的工件达到所需的焊接、装配角度，从而得到满意的加工位置和焊接速度。在仿真工作站中，变位机是在 Machines 模型下创建的，采用机器人控制器伺服控制的虚拟电机实现仿真运动。

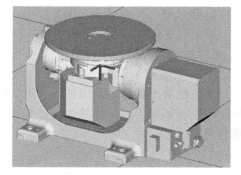

图 12-2　变位机

③ 其他设备模型：仿真工作站中的清枪站、控制柜、焊接电源等模型都属于 Obstacles 下的模型，它们并不是实现仿真的必要条件。

2. 弧焊指令的使用

弧焊指令是向机器人指定何时、如何进行弧焊的指令。任何焊接程序都必须从 Weld Start 开始，通常运用 Weld Start 作为起始语句，任何焊接过程都必须以 Weld End 结束，在弧焊开始指令和弧焊结束指令之间所示教的动作语句的区间中，机器人进行弧焊作业，如图 12-3 所示。

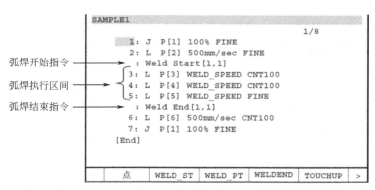

图 12-3　带有弧焊指令的程序

① Weld Start（弧焊开始指令）：是机器人开始执行弧焊作业的控制指令，包括两种设定形式，第一种是采用焊接程序中预设定的数据，第二种是在指令中直接输入电压和电流的值（这种指令可在 TP 程序直接指定焊接电压和焊接电流后开始焊接）。程序如下：

a. 第一种：Weld Start［WP, i］；

其中，WP 为焊接数据编号，1～99；i 为焊接条件编号，1～32。

b. 第二种：Weld Start［WP, V, A］；

其中，WP 为焊接数据编号，1～99；V 为焊接电压，V；A 为焊接电流，A。

② Weld End（弧焊结束指令）：是机器人结束指定弧焊作业的控制指令，包括两种设定形式，第一种是采用焊接程序中预设定的数据，第二种是在指令中直接输入电压和电流的值（这种指令可在 TP 程序直接指定弧坑处理电压、弧坑处理电流和弧坑处理时间）。程序如下：

a. 第一种：Weld End［WP, i］；

其中，WP 为焊接数据编号，1～99；i 为焊接（弧坑处理）条件编号，1～32。

b. 第二种：Weld End [WP，V，A，sec]；

其中，WP 为焊接数据编号，1～99；V 为弧坑处理电压，V；A 为弧坑处理电流，A；sec 为弧坑处理时间，s。

3. 附加轴控制软件

变位机属于机器人附加轴，常见的附加轴还包括机器人行走轴（见表 12-1）。要想实现机器人控制器对于附加轴的伺服控制，就必须安装相应的附加轴控制软件包，并在系统层面进行设置。

表 12-1 附加轴控制软件包

软件名称	软件代码	用途说明
Basic Positioner	H896	用于变位机(能与机器人协调)
Independent Auxiliary Axis	H851	用于变位机(不能与机器人协调)
Extended Axis Control	J518	用于行走轴直线导轨
Multi-group Motion	J601	多组动作控制(必须安装)
Coord Motion Package	J686	协调运动控制(可选配)
Multi-robot Control	J605	多机器人控制

协调控制软件可使变位机与机器人之间实现协调运动。协调运动指的是机器人与变位机自始至终保持恒定的相对速度运动，自动规划工件与焊枪（机器人 TCP）同步运动的路径，自动调整工件的位置使机器人始终保持良好的焊接姿态。相比传统的同步运动，协调运动是在运动过程中使机器人与变位机保持恒定的相对速度，而不只是在起始点和终点使二者同步。协调运动极大地简化了繁杂的编程记录工作，提高了机器人的工作效率。

Basic Positioner 是基础的变位机软件，其设置参数可全部自定义，适用于任意变位机，不受变位机的轴数、功率、运动形式等方面的限制。在此软件的基础上，衍生出许多专用的变位机软件来适配 FANUC 各类型的标准变位机，其大部分参数被标准化，自定义的空间非常小。譬如适用于负载 1000kg 的一轴标准变位机的软件 1-Aixs Servo Positioner Compact Type（Solid Type，1000kg），代号 H877；适用于负载 500kg 的双轴标准变位机的软件 2-Axes Servo Positioner（500kg），代号 H871。

4. 碰撞检测

碰撞检测是在仿真工作站中选定检测目标对象后，ROBOGUIDE 自动监测并显示程序执行时选定的对象与机器人是否发生了碰撞，利用仿真演示提前预知运行的结果。软件的碰撞检测功能可以及时发现离线程序存在的问题，有效地避免由真实设备碰撞造成的严重损失。

在仿真工程文件中，任何模块下的模型都有碰撞检测设置，位于其属性设置窗口中的"General"通用设置选项卡中（如图 12-4）。

① Collision I/O：碰撞反馈信号，机器人本体模型独有的设置项，有 DI 和 RI 两种信号可选。当不同的模型之间发生碰撞时，信号会置"ON"。

② Show robot collisions：显示碰撞的对象，所有模型都具备的设置项。当碰撞发生时，碰撞的模型会高亮显示。

属性设置窗口中"Show robot collisions"后方是设置碰撞显示样式的选项，如图 12-5 所示。

 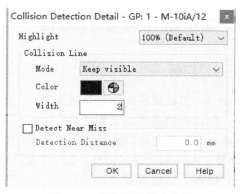

图 12-4　碰撞检测设置　　　　图 12-5　碰撞显示样式设置

① Highlight：碰撞模型高亮显示的亮度，默认是 100%，范围是 0～125%。

② Collision Line：设置模型碰撞产生的交线的显示状态，包括 Mode（可见模式）、Color（颜色）以及 Width（线宽）。

其中，可见模式"Mode"有下面 4 种选项。

Invisible：不显示模型碰撞的交线。

Visible：显示当前时刻模型碰撞的交线，脱离碰撞则消失。

Keep visible during collision：在模型碰撞时间段内显示所有的交线，脱离碰撞则消失。

Keep visible：显示碰撞过的所有交线，脱离碰撞不消失。

二、任务描述

如图 12-6 所示为工业机器人弧焊工作站。在离线编程软件中创建弧焊工作场景，与之前从事的搬运工作站不同，这里所用的仿真模块是弧焊模块 WeldPRO，应用的软件包是弧焊工具包 Arctool。除工业机器人外，还需加载变位机、焊接工件，创建工具数据和工件坐标系以及外围设备，包括围栏、清枪站、气瓶等，然后调用弧焊指令编写焊接程序。

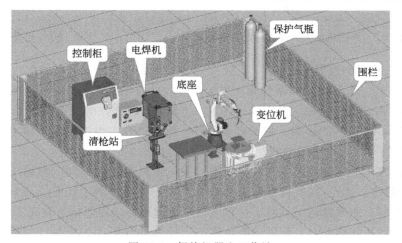

图 12-6　焊接机器人工作站

三、关键设备

安装 ROBOGUIDE 软件的电脑一台。

四、工作站的创建与仿真动画

焊接工作站
离线编程仿真

仿真动画

任务实施

步骤 1　创建焊接工作站基础要素

（1）创建焊接机器人工程文件

新建一个工程文件，选择"WeldPRO"焊接模块，将其命名为"焊接工作站离线编程仿真"，选择"Arctool"焊接工具，选用 FANUC M-10iA/12 小型焊接机器人，如图 12-7 所示。

（2）机器人属性设置

双击视图窗口中的机器人，弹出机器人属性设置窗口，然后对工程文件界面进行一些视图显示的调整，如图 12-8 所示。在其属性设置窗口中勾选"Show robot collisions"，用于检测碰撞。

创建焊接
工作站基础
要素

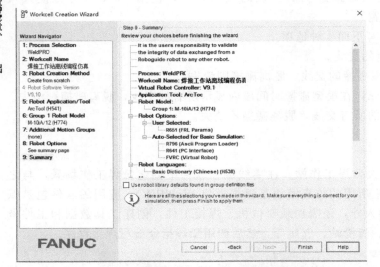

图 12-7　焊接机器人工程文件配置总览界面

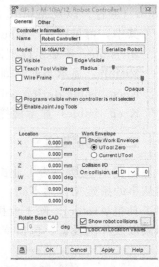

图 12-8　机器人属性设置界面

（3）工具坐标系的设置

在工具"UT：1"已添加 1 个焊枪，焊枪来自软件自带的模型库（BINZEL_ABIROB_350GC_DressOut_GasNozzle_Taper_phi12.CSB）。调整好焊枪的安装位置和尺寸，勾选"Show collisions"碰撞检测。将工具坐标系的原点设置在焊枪的焊丝顶点，并旋转一定的角度，使 Z 轴大致与枪管的轴线相同，如图 12-9 所示。

焊枪工具 TCP 的精度要求较高，与之前的搬运工具有很大不同。搬运工具在动作中始终保持竖直的状态，无论 TCP 设置在 Z 轴什么位置，夹爪工具上任意一点运动的方向与速度都与 TCP 相同，所以搬运工具对于位置的精度要求不高。而焊枪工具在工作时姿态多变，尤其是绕 TCP 做旋转运动时，旋转中心位置的正确性就显得尤为重要。如果位置出现较大的偏差，就无法保证焊接的位置和速度。

（4）添加外围设备

分别执行菜单命令"Cell"→"Add Obstacle"和"Cell"→"Add Fixtures"，将所有模型依次添加到工作站中并调整大小和位置。所有模型都是软件的自带模型。对处于机器人

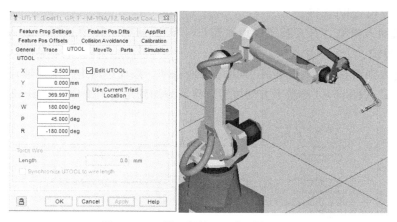

图 12-9 工具（焊枪）坐标系的设置

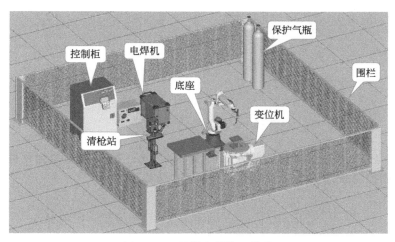

图 12-10 机器人焊接工作站

工作范围内的"机器人底座"与"清枪站"设置碰撞检测。调整机器人的位置，将其"安装"到机器人底座上，并锁定机器人的位置，如图 12-10 所示。

步骤 2　变位机系统的设置与模组的搭建

在创建变位机之前，应首先添加附加轴控制软件包"Basic Positioner"（H896）与"Multi-group Motion"（J601），其选择的依据主要有以下 2 点。

① 工作站中的变位机为双轴变位机，如图 12-11 所示，并且要实现变位机参数的自由定制化，所以选择 H896 基础变位机软件。

② 变位机与机器人本体轴能同时受到机器人控制柜的伺服控制，所以必须安装 J601 多组控制软件。

如果要实现机器人与变位机的协调运动，则应附加 J686 协调控制软件。软件安装完毕后，还要进行一系列的参数设置，最后在工程文件中用 Machines 模块搭建变位机模组。

添加变位机控制软件

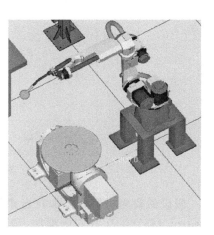

图 12-11 双轴变位机

1. 添加变位机控制软件

① 双击机器人模型，打开其属性设置窗口。单击 Serialize Robot 选项，进入创建工程文件时的创建向导界面。

② 直接进入到第 5 步"Additional Motion Groups"，添加运动组（附加轴）。在列表中找到"Basic Positioner"（H896），单击下方的按钮，将其添加到运动组 2 中，如图 12-12 所示。

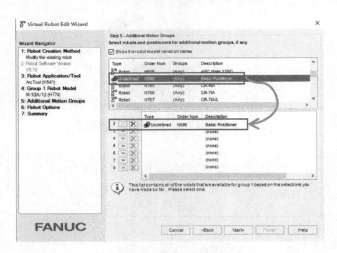

图 12-12　变位机软件添加结果

③ 单击"Next"按钮进入第 6 步，如图 12-13 所示。J601 多组控制软件会自动勾选并添加，J686 协调控制软件需要从软件列表中手动勾选添加。

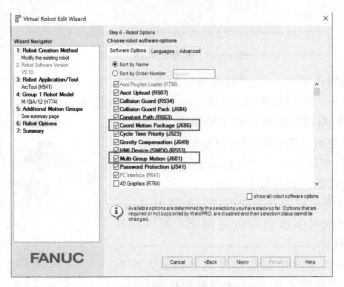

图 12-13　附加功能软件包列表

假设需要为机器人添加行走系统，请在此列表中找到行走轴控制软件"Extended Axis Control（J518）"并勾选添加，其设置参数方法与变位机的设置方法类似。接下来本任务中将以变位机的设置方法为例来讲解附加轴体系的设置过程。

任务十二 焊接工作站离线编程仿真

④ 进入第 7 步,单击"Finish"按钮完成,设置向导窗口关闭。此时,务必单击机器人属性设置窗口中的"Apply"按钮或者"OK"按钮,弹出图 12-14 所示的窗口,单击"Re-Serialize Robot"按钮重新加载工程文件。

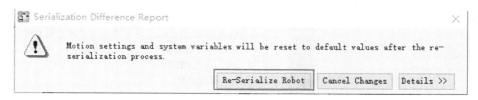

图 12-14 重新加载提示窗口

2. 变位机系统参数设置

重新加载工程文件后,会自动进入控制启动模式的变位机设置界面。变位机系统参数设置步骤如表 12-2 所示。

注:变位机二轴作为回转法兰,其某些参数应区别于一轴。例如,二轴的回转轴向应该与一轴垂直,所以二轴的轴向选择+Z;法兰的旋转范围应至少超过一周或者更大,所以二轴的运动极限设定为 [0°,720°] 或者更高,使其拥有更多的旋转范围。

变位机系统
参数设置

表 12-2 变位机系统参数设置步骤

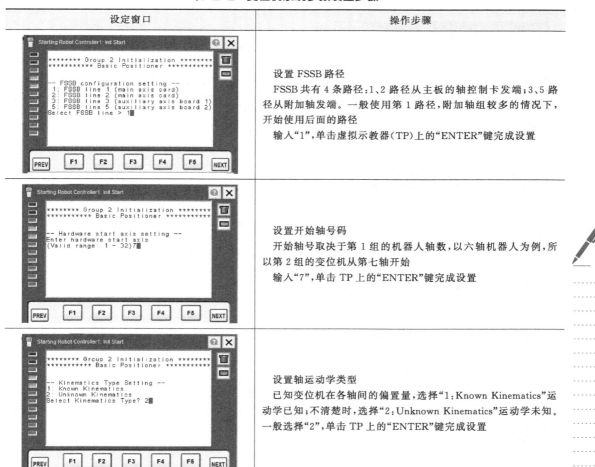

续表

设定窗口	操作步骤
	选择对变位机轴的操作 1：Display/Modify Axis 1～4（显示和修改已添加轴的参数） 2：Add Axis（增加轴） 3：Delete Axis（删除轴） 4：Exit（退出设置） 输入"2"，单击TP上的"ENTER"键完成设置
	选择设置伺服电机的方法 1：Standard Method（标准设置） 2：Enhanced Method（高级设置） 3：Direct Entry Method（直接设置） 输入"1"，单击TP上的"ENTER"键完成设置
	选择电机的型号 根据变位机中一轴实际使用的电机型号来设置。电机的信息在其外壳的标签上，或者位于附加轴伺服放大器上。如果当前界面没有发现匹配的电机型号，输入"0.Next page"，单击TP上的"ENTER"键确定 以aiF22为例，输入"105"，单击TP上的"ENTER"键完成设置
	选择电机的转速 该参数与上一步的电机型号对应，具体信息位于电机标签上 输入"2"，单击TP上的"ENTER"键完成设置
	设定电机的最大电流控制值（放大器的最大允许电流值） 该参数与电机型号对应，具体信息位于电机标签上 输入"7"，单击TP上的"ENTER"键完成设置 如果以上3步参数设定与实际电机标明不符，则设定失败，必须返回重新设定

续表

设定窗口	操作步骤
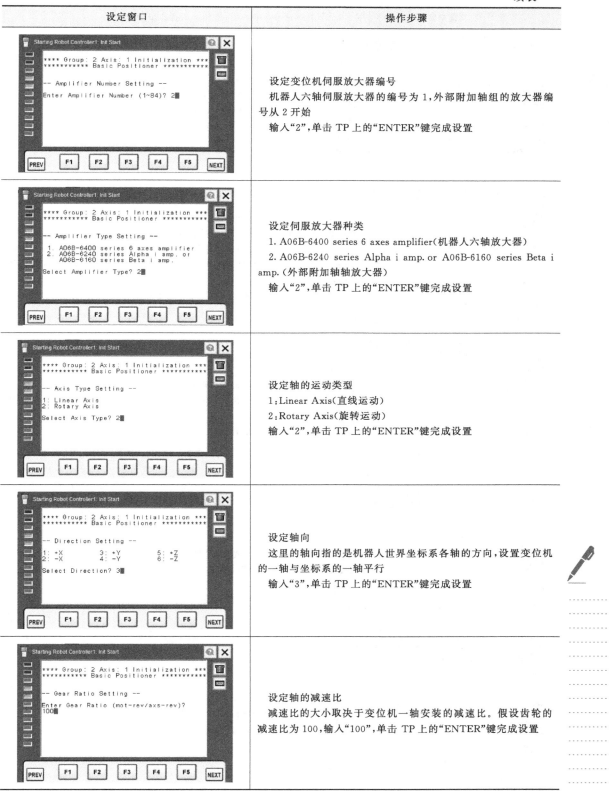	设定变位机伺服放大器编号 机器人六轴伺服放大器的编号为1,外部附加轴组的放大器编号从2开始 输入"2",单击TP上的"ENTER"键完成设置
	设定伺服放大器种类 1. A06B-6400 series 6 axes amplifier(机器人六轴放大器) 2. A06B-6240 series Alpha i amp. or A06B-6160 series Beta i amp.(外部附加轴放大器) 输入"2",单击TP上的"ENTER"键完成设置
	设定轴的运动类型 1:Linear Axis(直线运动) 2:Rotary Axis(旋转运动) 输入"2",单击TP上的"ENTER"键完成设置
	设定轴向 这里的轴向指的是机器人世界坐标系各轴的方向,设置变位机的一轴与坐标系的一轴平行 输入"3",单击TP上的"ENTER"键完成设置
	设定轴的减速比 减速比的大小取决于变位机一轴安装的减速比。假设齿轮的减速比为100,输入"100",单击TP上的"ENTER"键完成设置

续表

设定窗口	操作步骤
**** Group: 2 Axis: 1 Initialization **** *********** Basic Positioner *********** -- Maximum Speed Setting -- Suggested Speed = 180.000 deg/sec (Calculated with Max Motor Speed) Enter (1: Change, 2: No Change)? 2	设定轴的最大速度 最大速度值取决于电机的转速与减速比,一般情况下保持默认,也可以更改成更低的限速值 输入"2",单击 TP 上的"ENTER"键完成设置
**** Group: 2 Axis: 1 Initialization **** *********** Basic Positioner *********** -- Motion Sign Setting -- Current value = TRUE Enter (1: TRUE, 2: FALSE)? 1	设定轴相对电机的方向 若轴相对电机正转的旋转方向为正,即电机轴的旋转经过减速机的传递后,输出轴与电机轴的转向相同,则应输入"TURE"(有效);若为负,则应输入"FALSE"(无效)。奇数级减速为负,偶数级减速为正 输入"1",单击 TP 上的"ENTER"键完成设置
**** Group: 2 Axis: 1 Initialization **** *********** Basic Positioner *********** -- Upper Limit Setting -- Enter Upper Limit (deg)? 90	设定轴运动范围上限值 本任务中变位机一轴的输出轴是一个翻转的 L 形臂,旋转范围应不超过一周 以 90°为例,输入"90",单击 TP 上的"ENTER"键完成设置
**** Group: 2 Axis: 1 Initialization **** *********** Basic Positioner *********** -- Lower Limit Setting -- Enter Lower Limit (deg)? -90	设定轴运动范围下限值 以-90°为例,输入"-90",单击 TP 上的"ENTER"键完成设置
**** Group: 2 Axis: 1 Initialization **** *********** Basic Positioner *********** -- Master Position Setting -- Enter Master Position (deg)? 0	设定零点标定位置 一般情况下以 0°作为外部轴的零点 输入"0",单击 TP 上的"ENTER"键完成设置

续表

设定窗口	操作步骤
	设置轴第一加减速时间常数 修改设定选择"1:Change",使用当前建议值选择"2:No Change"。增加值的大小可使电机的加减速更平稳 输入"2",单击 TP 上的"ENTER"键完成设置 此步若选择"1:Change",则应输入一个时间值,默认的单位是 ms
	按照以上方法设定轴第二加减速时间常数
	设定指数加减速时间常数 需要更改时,输入"1:TURE";不需要更改时,输入"2:FALSE" 一般不予更改,输入"2",单击 TP 上的"ENTER"键完成设置
	设定最小加减速时间常数 需要更改时,输入"1:Change";不需要更改时,输入"2:No Change" 一般不需要更改,输入"2",单击 TP 上的"ENTER"键完成设置
	设定相对电机轴的总负载量的惯量比(负载率) 不需要设定输入"0:None"。一般情况下设置为 1~5 之间的值 输入"3",单击 TP 上的"ENTER"键完成设置

续表

设定窗口	操作步骤
	设定制动器（抱闸）号 如果是真实的机器人工作站，则根据硬件实际连接情况进行设置。机器人的抱闸号是1，附加轴的抱闸号一般情况从2开始 输入"2"，单击 TP 上的"ENTER"键完成设置
	设定伺服控制自动关闭 选择"1:TURE"，则变位机在停止运动后，伺服控制器将自动关闭；选择"2:FALSE"，伺服控制器将不会关闭 输入"1"，单击 TP 上的"ENTER"键完成设置
	设定伺服控制关闭延迟时间 变位机停止运行一段时间后，伺服控制自动关闭，一般设定 10s 输入"10"，单击 TP 上的"ENTER"键完成设置
	设置第二轴 输入"2"，单击 TP 上的"ENTER"键，增加变位机的第二轴。按照以上步骤设定变位机二轴的参数。全部设定完成后，再次回到此步骤时，输入"4"退出，单击 TP 上的"ENTER"键后可执行冷启动
	选择设置伺服电机的方法 1:Standard Method（标准设置） 2:Enhanced Method（高级设置） 3:Direct Entry Method（直接设置） 输入"1"，单击 TP 上的"ENTER"键完成设置

续表

设定窗口	操作步骤
	选择电机的型号 根据变位机中一轴实际使用的电机型号来设置。电机的信息在其外壳的标签上，或者位于附加轴伺服放大器上。如果当前界面没有发现匹配的电机型号，输入"0. Next page"，单击 TP 上的"ENTER"确定 以 aiF22 为例，输入"105"，单击 TP 上的"ENTER"键完成设置
	选择电机的转速 该参数与上一步的电机型号对应，具体信息位于电机标签上 输入"2"，单击 TP 上的"ENTER"键完成设置
	设定电机的最大电流控制值（放大器的最大允许电流值） 该参数与电机型号对应，具体信息位于电机标签上。输入"7"，单击 TP 上的"ENTER"键完成设置。如果以上 3 步参数设定与实际电机标明不符，则设定失败，必须返回重新设定
	设定变位机伺服放大器编号 机器人六轴伺服放大器的编号为 1，外部附加轴组的放大器编号从 2 开始 输入"2"，单击 TP 上的"ENTER"键完成设置
	设定伺服放大器种类 1. A06B-6400 series 6 axes amplifier（机器人六轴放大器） 2. A06B-6240 series Alpha i amp. or A06B-6160 series Beta i amp.（外部附加轴轴放大器） 输入"2"，单击 TP 上的"ENTER"键完成设置

续表

设定窗口	操作步骤
	设定轴的运动类型 1：Linear Axis（直线运动） 2：Rotary Axis（旋转运动） 输入"2"，单击 TP 上的"ENTER"键完成设置
	设定轴向 这里的轴向指的是机器人世界坐标系各轴的方向，设置变位机的一轴与坐标系的一轴平行 输入"3"，单击 TP 上的"ENTER"键完成设置
	设定轴的减速比 减速比的大小取决于变位机一轴安装的减速比，假设齿轮的减速比为100，输入"100"，单击 TP 上的"ENTER"键完成设置
	设定轴的最大速度 最大速度值取决于电机的转速与减速比，一般情况下保持默认，也可以更改成更低的限速值 输入"2"，单击 TP 上的"ENTER"键完成设置
	设定轴相对电机的方向 若轴相对电机正转的旋转方向为正，即电机轴的旋转经过减速机的传递后，输出轴与电机轴的转向相同，则应输"TURE"（有效）；若为负，则应输入"FALSE"（无效）。奇数级减速为负，偶数级减速为正 输入"1"，单击 TP 上的"ENTER"键完成设置

续表

设定窗口	操作步骤
	设定轴运动范围上限值 本任务中变位机一轴的输出轴是一个翻转的 L 形臂,旋转范围应不超过一周 以 90°为例,输入"90",单击 TP 上的"ENTER"键完成设置
	设定轴运动范围下限值 以－90°为例,输入"－90",单击 TP 上的"ENTER"键完成设置
	设定零点标定位置 一般情况下以 0°作为外部轴的零点。输入"0",单击 TP 上的"ENTER"键完成设置
	设置轴第一加减速时间常数 修改设定选择"1:Change",使用当前建议值选择"2:No Change"。增加值的大小可使电机的加减速更平稳 输入"2",单击 TP 上的"ENTER"键完成设置
	按照以上方法设定轴第二加减速时间常数

续表

设定窗口	操作步骤
	设定指数加减速时间常数 需要更改时,输入"1:TURE";不需要更改时,输入"2:FALSE" 一般不需要更改,输入"2",单击 TP 上的"ENTER"键完成设置
	设定最小加减速时间常数 需要更改时,输入"1:Change";不需要更改时,输入"2:No Change" 一般不需要更改,输入"2",单击 TP 上的"ENTER"键完成设置
	设定相对电机轴的总负载量的惯量比(负载率) 不予设定输入"0:None"。一般情况下设置为 1~5 之间的值 输入"3",单击 TP 上的"ENTER"键完成设置
	设定制动器(抱闸)号 如果是真实的机器人工作站,则根据硬件实际连接情况进行设置。机器人的抱闸号是 1,附加轴的抱闸号一般情况从 2 开始 输入"2",单击 TP 上的"ENTER"键完成设置
	设定伺服控制自动关闭 选择"1:TURE",则变位机在停止运动后,伺服控制器将自动关闭 选择"2:FALSE",伺服控制器将不会关闭 输入"1",单击 TP 上的"ENTER"键完成设置

设定窗口	操作步骤
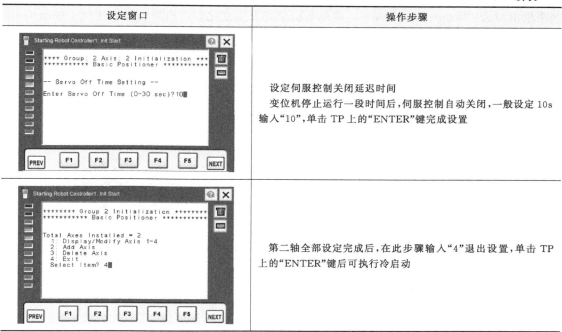	设定伺服控制关闭延迟时间 变位机停止运行一段时间后,伺服控制自动关闭,一般设定10s 输入"10",单击TP上的"ENTER"键完成设置
	第二轴全部设定完成后,在此步骤输入"4"退出设置,单击TP上的"ENTER"键后可执行冷启动

3. 搭建变位机模组

(1) 自建数模创建

① 鼠标右键单击"Cell Browser"(导航目录)窗口中的"Machines"机器模块,执行菜单命令"Add Machine"→"Box",设置"Box"尺寸和位置参数,设置完成后同时勾选"Lock All Location Values"和"Show Collisions",分别用于锁定位置和碰撞检测。

② 添加链接。执行菜单命令"Machines1"→"Add Link"→"Box";在弹出的属性设置窗口选择"Link CAD"选项,其颜色修改为绿色,设置"Box"尺寸和位置参数,设置完成后勾选"Lock All Location Values"锁定位置,如图12-15所示。

自建数模
创建变位机

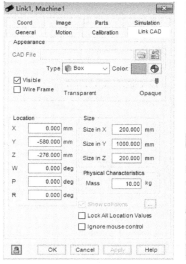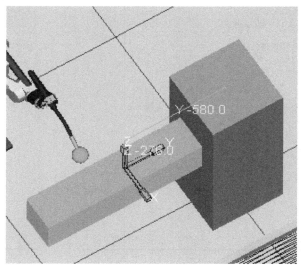

图 12-15 Link CAD 选项设置

③ 调整电机位置。选择"General"常规设置选项卡，设置电机的位置，调整电机位置前需取消勾选"Couple Link CAD"，避免电机位置发生变化时，模型也随之变化，如图 12-16 所示。

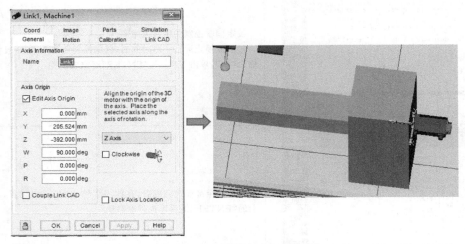

图 12-16 设置虚拟电机位置

④ 轴的运动设置。选择"Motion"动作选项卡，在运动控制类型中选择"Sever Motor Controlled"伺服电机控制，在轴的信息中选择"GP：2-Basic Positioner"变位机及"Joint1（一轴）"，修改"Current Position"当前轴位置为 0°，如图 12-17 所示。

⑤ 设置变位机第二轴。第二轴的设置方法与第一轴的设置方法相同，执行菜单命令"Machines1"→"G：2，J：1-Link1"→"Add Link"→"Box"，打开其属性设置窗口。变位机二轴的设置如图 12-18 所示。在"General"选项卡下，调整尺寸和位置参数，如图 12-19 所示。

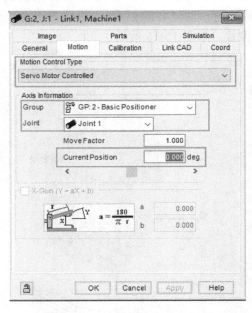

图 12-17 一轴的运动设置窗口

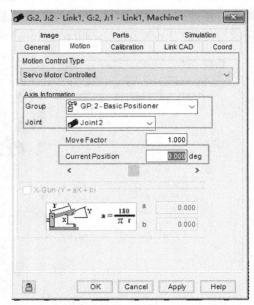

图 12-18 二轴的运动设置窗口

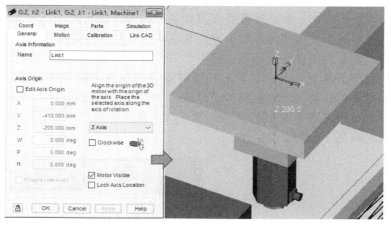

图 12-19 设置第二轴电机位置

（2）软件模型库创建变位机模组

鼠标右键单击"Cell Browser"（导航目录）窗口中的"Machines"机器模块，执行菜单命令"Add Machine"→"CAD Library"（CAD 模型库）→"Positioners"（变位机），导入变位机模型并调整位置，勾选"Show Collisions"碰撞检测选项。其最终的状态如图 12-20 所示。

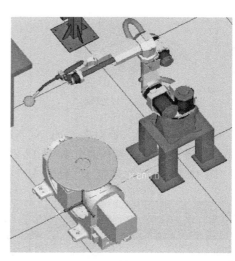

图 12-20 双轴变位机位置

软件自带模型库创建变位机

创建H型钢的焊接轨迹程序

（3）检验变位机

打开虚拟TP，按下 TP 上的"GROUP"键，将机器人活动坐标系切换至"G2 关节"，如图 12-21 所示。通过运动键 分别运行第一轴和第二轴。经校验，两个轴的旋转中心和旋转方向无误，其中顺时针旋转为正方向，逆时针旋转为负方向，如图 12-22 所示。

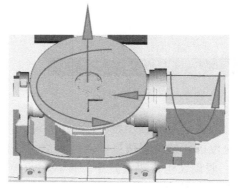

图 12-21 TP 显示屏的状态栏　　图 12-22 变位机轴旋转正方向示意图

步骤 3　H 型钢焊接的轨迹编程

如图 12-23 所示的 H 型钢，其 4 条焊缝位于工件内侧两边边道，下面利用机器人与变位机的运动来完成焊接。如果单纯靠机器人工作,焊枪(机器人 TCP)需要绕边道运动,需要不断地调整焊枪的姿态,而且还需要人力将工件翻转,进行第 3 条和第 4 条焊缝焊接。引入双轴变位机是解决上述问题的有效手段,变位机的二轴作为焊接时工件的旋转轴,简化了机器人轨迹;一轴作为工件的翻转轴,使整个工件的焊接效率大幅度提高。

在含有变位机的情况下,创建机器人程序时要特别注意组掩码的问题。组掩码中"1"的位置代表该程序以动作指令就能控制的动作组,"*"的位置表示该程序不能以动作指令控制的动作组,可自定义程序控制的组号。图 12-24 表示的是"FUNCTION001",这个程序以动作指令同时控制 1 组和 2 组运动。

图 12-23　H 型钢

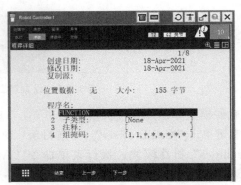

图 12-24　程序详细设置界面

为了方便理解,可以在"FUNCTION001"程序中任意示教记录一个点的位置 P [1],并按 F5 键查看其位置信息,如图 12-25 所示。

图 12-26 显示的是组 1(机器人)在世界坐标系下 TCP 的位置。

图 12-25　程序编辑界面

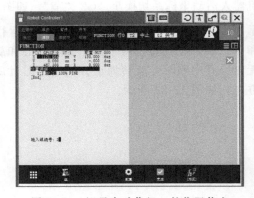

图 12-26　记录点动作组 1 的位置信息

在图 12-26 所示界面中按 F1 键并输入 2,会进入组 2 位置信息界面。图 12-27 中显示的是组 2(变位机)的位置信息,因为变位机的运动形式为回转运动,所以图 12-27 记录的是角度信息。假设在组掩码设置中,该程序只控制机器人组,那么 P [1] 的位置信息将不包含变位机的角度信息。

创建的程序只想控制机器人运动组 1 运动或者变位机组 2 单独运动,则在程序创建时需选择组掩码,组掩码中有两个 1,组掩码中的第一个 1 代表机器人,第二个 1 代表变位机。如果只控制变位机的运动,则需把第一个 1 更改为"*",如图 12-28 所示,如果只控制机

图 12-27 记录点动作组 2 的位置信息

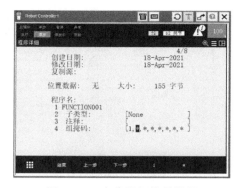

图 12-28 变位机组掩码设置

器人运动，则需把第二个 1 更改为"*"，如图 12-29 所示。

(1) 导入工件模型

以"Parts"形式导入工件模型，并将其添加到变位机的回转法兰上，将工件与回转法兰进行关联，如图 12-30 所示。

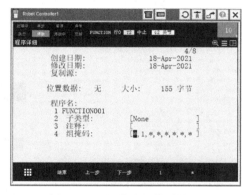

图 12-29 机器人组掩码设置

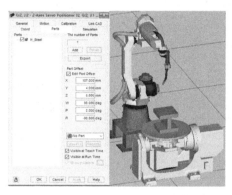

图 12-30 变位机上的工件及参数设置

(2) 创建子程序

打开虚拟 TP 创建子程序，子程序名与执行动作如表 12-3 所示。

表 12-3 子程序列表

程序名	执行的动作
HOME1	机器人返回待机位置
HOME2	变位机返回待机 J1=0°,J2=0°位置
BIANWEIJI1	变位机到达 J1=70°,J2=90°的位置
BIANWEIJI2	变位机到达 J1=70°,J2=-90°的位置
BIANWEIJI3	变位机到达 J1=45°,J2=90°的位置
BIANWEIJI4	变位机到达 J1=45°,J2=-90°的位置

(3) 程序轨迹绘制

执行变位机程序"BIANWEIJI1"，然后单击工具栏上的 按钮，打开绘制轨迹窗口。

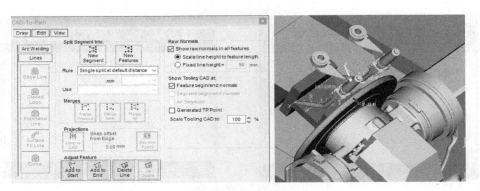

图 12-31 程序轨迹绘制

单击"Edge Line"按钮，在工件上绘制焊接的路径，并勾选"Feature begin/end normals"选项预览路径上的工具的始点和末点姿态，如图 12-31 所示。

（4）焊接轨迹程序的设置参数

依次切换至每个选项卡下，按照图 12-32 所示的内容设置参数，其他参数保持默认。在设置每一项参数后都单击"Apply"按钮，时刻观察三维视图中的轨迹与关键点姿态的变化。

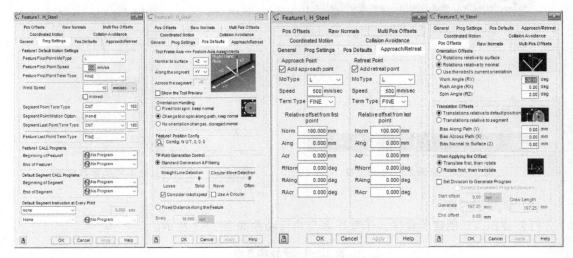

图 12-32 焊接轨迹程序的设置参数

（5）重命名程序

在第（4）步的设置完成后，到"General"常规设置选项卡下，将该程序命名为"HANJIE1"，作为第 1 条焊缝的焊接程序，如图 12-33 所示，单击"Generate Feature TP Program"按钮生成机器人程序。

（6）依次创建所有子程序

依次执行程序"BIANWEIJI2""BIANWEIJI3""BIANWEIJI4"，执行变位机程序至相应合适位置，然后按照创建"HANJIE1"的方法创建第 2 条、第 3 条、第 4 条焊缝的焊接程序，依次命名为"HANJIE2""HANJIE3""HANJIE4"。

（7）创建主程序

创建主程序，命名为"ZHUCHENGXU"，如图 12-34 所示。利用虚拟示教器创建主程序的时候，两个组掩码都设置为 1。

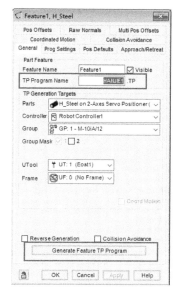

图 12-33 轨迹属性设置窗口

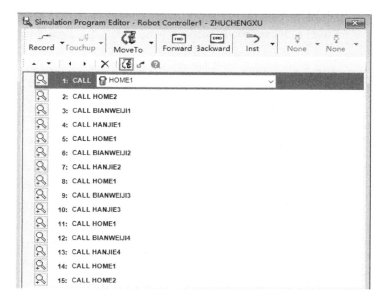

图 12-34 主程序

步骤 4 参考程序及注释

(1) 子程序 HOME1
1:J P[1]100% FINE;   //设置机器人 HOME 点

(2) 子程序 HOME2
1:J P[1]100% FINE;   //设置变位机 HOME 点

(3) 子程序 BIANWEIJI1
1:J P[1]100% FINE;   //设置变位机 J1=70°,J2=90°的位置

(4) 子程序 BIANWEIJI2
1:J P[1]100% FINE;   //设置变位机 J1=70°,J2=-90°的位置

(5) 子程序 BIANWEIJI3
1:J P[1]100% FINE;   //设置变位机 J1=45°,J2=90°的位置

(6) 子程序 BIANWEIJI4
1:J P[1]100% FINE;   //设置变位机 J1=45°,J2=-90°的位置

(7) 子程序 HANJIE1
1:UFRAME_NUM=0   //用户坐标系 0
2:UTOOL_NUM=1;   //工具坐标系 1
3:L P[1]500mm/sec FINE;   //接近点
4:L P[2]500mm/sec FINE   //焊接起始点
 :Weld Start[1,1];   //焊接开始指令

```
5:L P[3]10mm/sec FINE                    //焊缝末端点
 :Weld End[1,1];                         //焊接结束指令
6:L P[4]500mm/sec FINE;                  //逃离点
```

……
……

(8) 子程序 HANJIE4
```
1:UFRAME_NUM = 0
2:UTOOL_NUM = 1;
3:L P[1]500mm/sec FINE;                  //接近点
4:L P[2]500mm/sec FINE                   //焊接起始点
 :Weld Start[1,1];                       //焊接开始指令
5:L P[3]10mm/sec FINE                    //焊缝末端点
 :Weld End[1,1];                         //焊接结束指令
6:L P[4]500mm/sec FINE;                  //逃离点
```

(9) 虚拟 TP 示教编程主程序及仿真程序编辑器编程主程序
```
1:CALL HOME1;                            //调用机器人 HOME1 程序
2:CALL HOME2;                            //调用变位机 HOME2 程序
3:CALL BIANWEIJI1;                       //调用变位机 1 程序
4:CALL HANJIE1;                          //调用焊接 1 程序
5:CALL HOME1;                            //调用机器人 HOME1 程序
6:CALL BIANWEIJI2;                       //调用变位机 2 程序
7:CALL HANJIE2;                          //调用焊接 2 程序
8:CALL HOME1;                            //调用机器人 HOME1 程序
9:CALL BIANWEIJI3;                       //调用变位机 3 程序
10:CALL HANJIE3;                         //调用焊接 3 程序
11:CALL HOME1;                           //调用机器人 HOME1 程序
12:CALL BIANWEIJI4;                      //调用变位机 4 程序
13:CALL HANJIE4;                         //调用焊接 4 程序
14:CALL HOME1;                           //调用机器人 HOME1 程序
15:CALL HOME2;                           //调用变位机 HOME2 程序
```

步骤 5　测试运行程序

单击工具栏中启动运行按钮 ▶，测试运行仿真程序。

步骤 6　视频录制

打开运行控制面板，单击 按钮可以开始录制视频，单击旁边下拉箭头可以选择"AVI Record"和"3D Player Record"录制，该任务选择"3D Player Record"录制。

步骤 7　保存工作站

单击工具栏上的保存按钮 ，保存整个工作站。

至此，焊接工作站离线编程仿真完成。该任务参考评分标准见表 12-4。

表 12-4 参考评分表

序号	考核内容（技术要求）	配分	评分标准	得分情况	指导教师评价说明
1	软件安装	10 分			
2	焊接工作站的创建	40 分	工作站主体创建(10 分) 变位机的创建(20 分) 各模块的关联设置(10 分)		
3	TCP 设置	10 分			
4	"CAD-To-Path" 编程	20 分	路径规划(10 分) 程序设置(10 分)		
5	弧焊指令的使用	10 分	焊接轨迹的规划(5 分) 弧焊指令创建(5 分)		
6	运行演示	10 分			

任务总结

本任务对焊接仿真工作站组成、变位机的形式与运动、变位机配合机器人完成工件焊接的过程进行分析后，规划选择弧焊仿真模块来创建虚拟环境中焊接机器人对焊接工件的焊接全程进行控制。这一过程主要应用到焊接机器人的选择、焊接工作站的整体布局、变位机需求类型及其系统参数的设置等相关模块的知识内容。结合示教与画线轨迹的方式编写焊接程序，使学习者能够在虚拟仿真工作站中学会创建焊接工作站并编写焊接程序，从而能够在真实焊接工作站中规划焊接路线和控制焊接质量。

学后测评

如图 12-35 所示，在 ROBOGUIDE 软件中建立一个虚拟弧焊工作站。工作站中选用 M-10iA 系列小型焊接机器人，通过变位机的回转运动实现对工件的有效焊接。

学后测评
创建流程

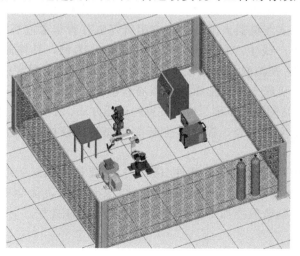

图 12-35 焊接工作站

任务十三

智能制造数控加工生产线离线编程仿真

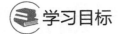 学习目标

知识目标：
1. 了解机器人智能制造数控生产线工作站的设计流程；
2. 掌握机械装置的创建方法；
3. 掌握多机器人通信协调和多机编程；
4. 运用机器人仿真技术，完成一个综合项目，熟练掌握创建机器人工作站的相关知识点。

技能目标：
1. 能够应用工作站 I/O 信号；
2. 能够应用机器人程序动作指令；
3. 能够创建输送装置动态属性；
4. 能够创建机械装置。

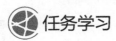 任务学习

一、知识链接

解决工业机器人在实际生产制造中可能遇到的许多相关问题，对促进智能制造领域的发展有着很大的影响，对工业机器人的理论和应用研究也有着非常重要的意义。

以智能制造加工生产线生产保险柜零部件（锁芯）为例，具体阐述了基于 FANUC 工业机器人 ROBOGUIDE 模拟软件的虚拟仿真实训内容设计。教学实践表明，虚拟仿真实训能有效完成工业机器人机床上下料工作站的布局和仿真工作，使学生系统掌握机器人智能制造数控加工生产线工作站的设计流程、机械装置的创建方法、多机器人通信协调和多机编程等技能，有利于保障学生实训安全，提高学生解决智能制造数控加工生产线实际生产问题的能力。

本任务以某公司生产的保险柜零部件（锁芯）传统数控加工工序为背景，设计出基于 ROBOGUIDE 的智能制造数控加工生产线虚拟仿真实训项目，让学生通过动手实践，将理论知识内化成解决智能制造数控加工生产线实际生产问题的能力。

二、任务描述

智能制造数控加工生产线离线编程仿真，是在仿真软件中完成工业机器人机床上下料布局和仿真工作。仿照真实的工作现场在软件中建立一个虚拟工作站，在仿真工作站中使用四台带夹爪的工业机器人，完成从倍速链上的托盘中抓取工件，实现机器人在数控平车、数控

斜车、数控加工中心上下料的自动装卸功能，最后将工件放置到物料库中。现场工作站及仿真工作站见图 13-1。

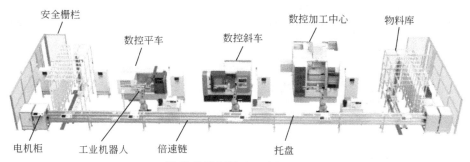

(a) 现场智能制造数控加工生产线工作站

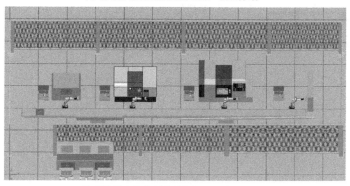

(b) 仿真软件中智能制造数控加工生产线工作站

图 13-1　现场工作站及仿真工作站

智能制造数控加工生产线离线编程仿真

仿真动画

三、关键设备

安装 ROBOGUIDE 软件的电脑一台；搬运工业机器人四台；工具：带两个夹爪，实现毛坯和加工完成工件的同时抓取；输送装置：倍速链；机床三台：数控平车一台、数控斜车一台、数控加工中心一台；外围安全设备：安全栅栏、电机柜；物料库。

四、项目工作流程

智能制造数控加工生产线工作流程如图 13-2 所示。

图 13-2　智能制造数控加工生产线工作流程图

五、工作站的创建与仿真动画

任务实施

步骤 1　工程文件的创建与设置

使用"Handling PRO"创建一个"Workcell"（工作站），名称更改为"智能制造数控加工生产线离线编程仿真"，具体参数如图 13-3 所示。

工程文件的
创建与设置

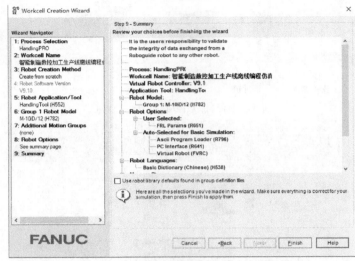

图 13-3　创建机器人工程文件

修改平面格栅尺寸和颜色，如图 13-4 所示。

数控机床的
添加与设置

图 13-4　平面格栅设置

步骤 2　数控机床的添加与设置

（1）数控平车添加与设置

在"Cell Browser"（导航目录）窗口中，鼠标右键单击"Machines"（机构），执行菜单命令"Add Machines"→"CAD File"→"文件夹"→"数控平车"，单击"打开"按钮确认，在弹出的属性设置窗口中将名称更改为"数控平车"，调整至合适的位置，如图 13-5 所示。

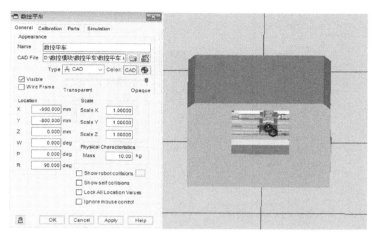

图 13-5 数控平车添加与设置

（2）数控斜车添加与设置

在"Cell Browser"（导航目录）窗口中，鼠标右键单击"Machines"（机构），执行菜单命令"Add Machines"→"CAD Library"→"Machines"→"General CNC Machine"→"CNC-TurningMachine1"，单击"OK"按钮确认，在弹出的属性设置窗口中将名称更改为"数控斜车"，调整至合适的位置，如图 13-6 所示。

图 13-6 数控斜车添加与设置

（3）数控加工中心添加与设置

在"Cell Browser"（导航目录）窗口中，鼠标右键单击"Machines"（机构），执行菜单命令"Add Machines"→"CAD File"→"文件夹"→"数控加工中心"，单击"打开"按钮确认，在弹出的属性设置窗口中将名称更改为"数控加工中心"，调整至合适的位置，如图 13-7 所示。

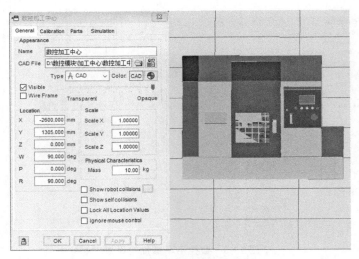

图 13-7　数控加工中心添加与设置

步骤 3　机器人属性设置、工具添加、TCP 设置

（1）机器人属性设置

双击视图窗口中的机器人模组，打开其属性设置窗口，取消勾选 "Edge Visible"，机器人模型轮廓隐藏，"R" 设为 90，即使机器人沿 Z 轴逆时针旋转 90°。

机器人、工具及TCP的设置

（2）工具的添加设置

在 "Cell Browser"（导航目录）窗口中，选中 1 号工具 "UT：1"，鼠标右键单击 "Eoat1 Properties"（机械手末端工具 1 属性），在弹出的工具属性设置窗口中选择 "General" 常规设置选项卡，单击 "CAD File" 右侧的第 1 个按钮，添加 "夹爪工具"，调整至合适的位置，如图 13-8 所示。

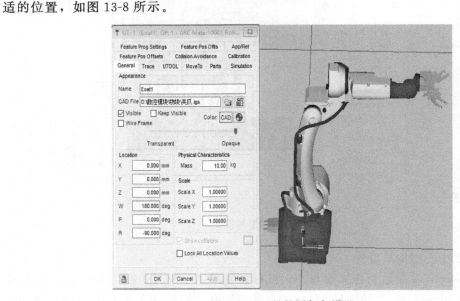

图 13-8　工具的添加与设置

（3）TCP 设置

选择 "UTOOL"（工具），勾选 "Edit UTOOL"（编辑工具坐标系），直接输入：X＝-

55，Y=145，Z=155，W=-45，P=0，R=0，单击"Use Current Triad Location"（使用当前位置），单击"Apply"按钮确认，如图13-9所示。

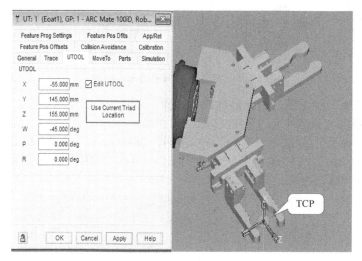

图13-9 工具坐标系设置

步骤4 机器人组添加与设置

在"Cell Browser"（导航目录）窗口中，选中"C：1-Robot Controller1"（机器人控制器1），鼠标右键单击"Add Robot"（添加机器人）→"Add Robot Clone"（添加机器人副本），添加完成后，调整至合适位置，单击"Apply"（应用）按钮确认。然后依次添加"Robot Controller2"（机器人控制器2）、"Robot Controller3"（机器人控制器3）、"Robot Controller4"（机器人控制器4），如图13-10所示。若需要添加其他型号的机器人，则选择"Single Robot-Serialize Wizard"（向导）进行添加。

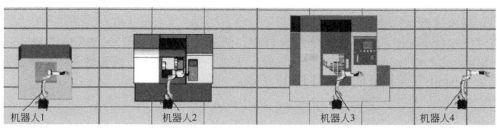

图13-10 机器人添加与设置

注：1."Robot Controller1"用来实现工件在数控平车工序的自动装卸功能；
2."Robot Controller2"用来实现工件在数控斜车工序的自动装卸功能；
3."Robot Controller3"用来实现工件在数控加工中心工序的自动装卸功能；
4."Robot Controller4"用来实现工件在入库工序的自动装卸功能。

步骤5 机器人控制柜添加与设置

添加机器人控制柜1，在"Cell Browser"（导航目录）窗口中，选择"Fixtures"（工装）→"Add Fixture"（添加工装）→"CAD Library"（CAD模型库）→"Obstacles"（障碍物模块）→"Controllers"（控制柜）→"RJ-3ib-cabnet"（RJ-3ib-机柜），单击"OK"按钮确认，调整至合适位置，单击"Apply"（应用）按钮确认。然后按相同设置依次添加其他几台机器人控制柜，如图13-11所示。

图 13-11 机器人控制柜添加与设置

步骤 6　物料库、倍速链、托盘的创建与设置

（1）物料库添加与设置（用于摆放已加工的产品）

在"Cell Browser"（导航目录）窗口中，选择"Fixtures"→"Add Fixture"→"CAD Library"→"Fixtures"→"shelf"→"shelf09"，单击"OK"按钮确认，调整至合适位置，单击"Apply"按钮确认，如图 13-12 所示。

物料库、倍速链、托盘的创建与设置

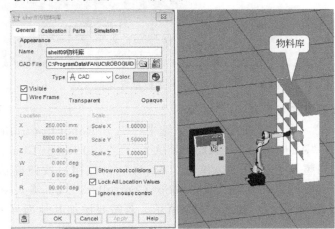

图 13-12　物料库添加与设置

（2）倍速链添加与设置

在"Cell Browser"（导航目录）窗口中，选择"Machines"→"Add Machines"→"CAD Library"→"conveyer"→"conveyer-1900"，单击"OK"按钮确认，调整至合适位置，单击"Apply"按钮确认，如图 13-13 所示。

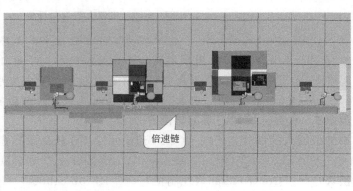

图 13-13　倍速链添加与设置

(3) 托盘添加与设置

在"Cell Browser"(导航目录)窗口中,选择"Machines"→"倍速链"→"Add Link"→"CAD File"→"文件夹"→"数控模块"→"托盘",单击"打开"按钮确认。在托盘属性设置窗口选择"Link CAD",设置其大小参数,并调整至倍速链起始端位置,单击"Apply"按钮确认,如图 13-14 所示。

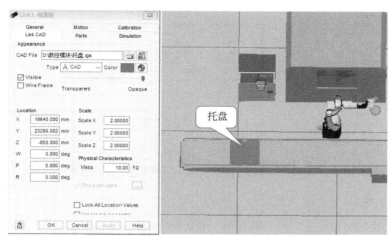

图 13-14　托盘添加与设置

(4) 设置虚拟电机运动方向

在托盘属性设置窗口中选择"General"常规设置选项卡,将名称更改为"托盘",勾选"Edit Axis Origin"(设置虚拟电机位置),将 Z 轴正方向指向倍速链末端,表示托盘运动方向,取消勾选"Couple Link CAD",避免调整虚拟电机位置时托盘随之移动。设置完成后,单击"Apply"按钮确认,如图 13-15 所示。

I/O信号的设置

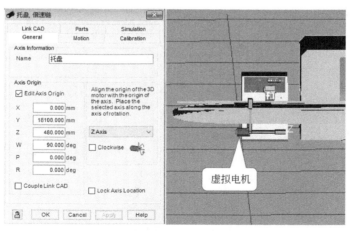

图 13-15　虚拟电机运动方向

步骤 7　I/O 信号的设置

(1) 设置物料托盘 I/O(输入/输出)动态信号

在"Cell Browser"(导航目录)窗口中,选择"Machines"→"倍速链"→"托盘",双击"托盘",打开其属性设置窗口,在弹出的属性设置窗口中选择"Motion"设置选项卡,设置相关参数后单击"Apply"按钮确认,如图 13-16 所示。

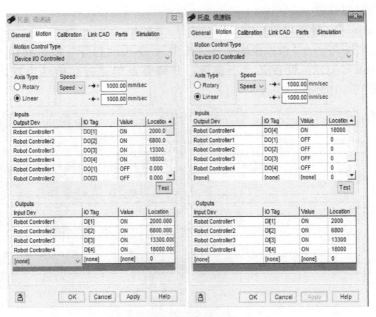

图 13-16　托盘 I/O 信号

（2）设置数控平车右门虚拟电机运动方向

在"Cell Browser"（导航目录）窗口中，选择"Machines"→"数控平车"→"door 右"，双击"door 右"，在弹出的属性设置窗口中选择"General"常规设置选项卡，勾选"Edit Axis Origin"（设置虚拟电机位置），取消勾选"Couple Link CAD"，避免调整虚拟电机位置时车床门随之移动，调整 Z 轴正方向指向车床门移动的方向，设置完成后单击"Apply"按钮确认，如图 13-17 所示。

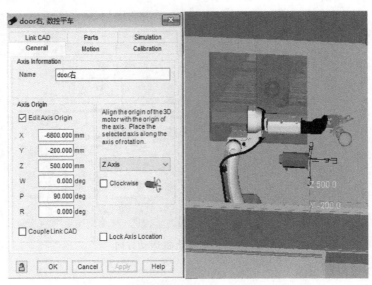

图 13-17　数控平车右门虚拟电机移动方向

（3）设置数控平车右门 I/O（输入/输出）动态信号

双击"door 右"，打开其属性设置窗口，在弹出的属性设置窗口中选择"Motion"设置选项卡，按照图 13-18 所示设置 I/O（输入/输出）动态信号，单击"Apply"按钮确认。

（4）设置数控平车左门虚拟电机运动方向

在"Cell Browser"（导航目录）窗口中，选择"Machines"→"数控平车"→"door 左"，双击"door 左"，在弹出的属性设置窗口中选择"General"常规设置选项卡，勾选"Edit Axis Origin"（设置虚拟电机位置），取消勾选"Couple Link CAD"，避免调整虚拟电机位置时车床门随之移动，调整 Z 轴正方向指向车床门移动的方向，设置完成后单击"Apply"按钮确认，如图 13-19 所示。

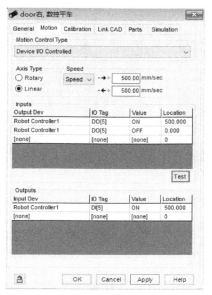

图 13-18 数控平车右门 I/O 信号设置

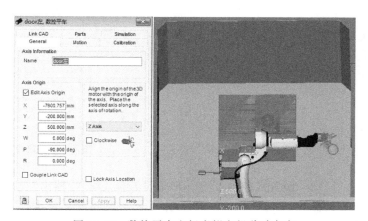

图 13-19 数控平车左门虚拟电机移动方向

（5）设置数控平车左门 I/O（输入/输出）动态信号

双击"door 左"，打开其属性设置窗口，在弹出的属性设置窗口中选择"Motion"设置选项卡，设置相关参数后单击"Apply"按钮确认，如图 13-20 所示。

（6）设置数控斜车床门 I/O（输入/输出）动态信号

在"Cell Browser"（导航目录）窗口中，选择"Machines"→"数控斜车"→"door"，双击"door"，在弹出的属性设置窗口中选择"Motion"设置选项卡，设置相关参数后单击"Apply"按钮确认，如图 13-21 所示。

（7）设置数控加工中心车床门虚拟电机运动方向

在"Cell Browser"（导航目录）窗口中，选择"Machines"→"数控加工中心"→"door"，双击"door"，在弹出的属性设置窗口中选择"General"常规设置选项卡，勾选"Edit Axis Origin"（设置虚拟

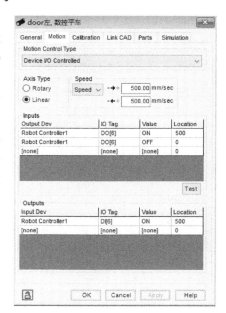

图 13-20 数控平车左门 I/O 信号设置

电机位置），取消勾选"Couple Link CAD"，避免调整虚拟电机位置时车床门随之移动，调整 Z 轴正方向指向车床门移动的方向，设置完成后单击"Apply"按钮确认，如图 13-22 所示。

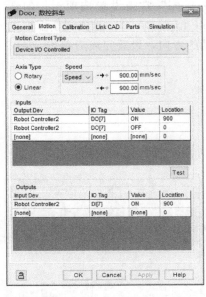

图 13-21　数控斜车床门 I/O 信号　　图 13-22　数控加工中心车床门虚拟电机运动方向

（8）设置数控加工中心车床门 I/O（输入/输出）动态信号

在"Cell Browser"（导航目录）窗口中，选择"Machines"→"数控加工中心"→"door"，双击"door"，在弹出的属性设置窗口中选择"Motion"设置选项卡，设置相关参数后单击"Apply"按钮确认，如图 13-23 所示。

（9）I/O 面板设置

执行菜单命令"Tool"→"I/O Panel Utility"，打开 I/O 状态模拟面板，在状态模拟面板选择 按钮，添加 I/O 信号，在"Name"中选择 I/O 类型为数字通用信号"DO"，开始地址为 1，长度为 1，单击"Add"按钮添加，依次添加所有 I/O 信号，如图 13-24 所示。

步骤 8　工件的创建与设置

（1）工件的创建

在"Cell Browser"（导航目录）窗口中，鼠标右键单击"Part"，执行菜单命令"Add Part"（添加工件）→"Cylinder"，创建一个圆柱体工件。在弹出的 Part 属性设置窗口中，输入 Part 的大小参数：Diameter = 50，Length = 100，单击"Apply"按钮确认，如图 13-25 所示。

工件的创建与设置

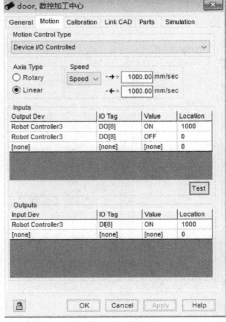

图 13-23　数控加工中心车床门 I/O 信号

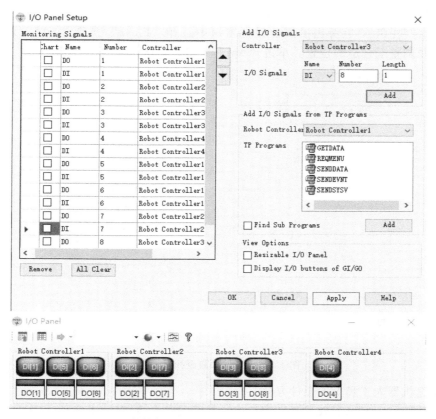

图 13-24　数控加工生产线控制系统 I/O 动态信号设置

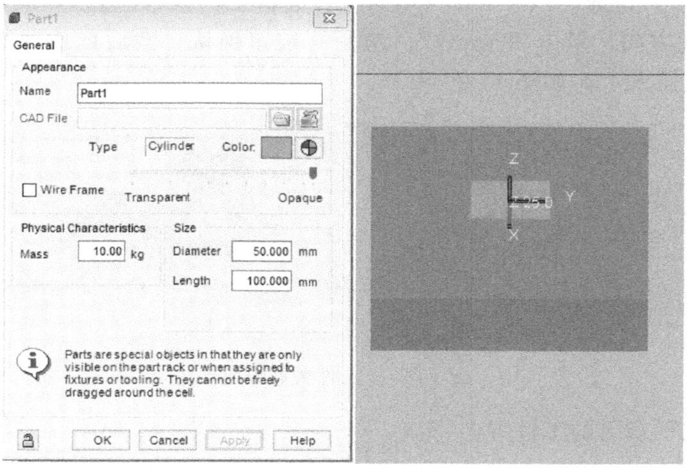

图 13-25　工件的创建

(2) 关联托盘设置

在"Cell Browser"(导航目录)窗口中,执行菜单命令"Machines"→"倍速链"→"托盘",双击"托盘",在弹出的属性设置窗口中选择"Parts"选项卡,将"Part1"关联至托盘上,并调整至合适的位置,单击"Apply"按钮确认,如图 13-26 所示。

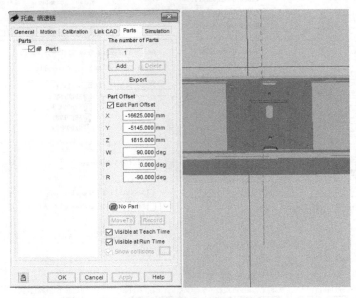

图 13-26 工件关联至托盘设置

(3) 定义机器人工具上的工件方向

在"Cell Browser"(导航目录)窗口中,执行菜单命令"C:1-Robot Controller1"(机器人控制器 1)→"GP:1-ARC Mate 100iD"(机器人型号)→"Tooling"(工具)→"UT:1 (Eoat1)"(1 号工具),双击"UT:1 (Eoat1)"(1 号工具),打开其属性设置窗口,选择"Parts"(工件)选项卡,在弹出的窗口中勾选"Part1"(工件1),单击"Apply"(应用)按钮确认后,勾选"Edit Part Offset"(编辑工件偏移位置),编辑工具上"Part1"(工件1)的位置和方向,单击"Apply"(应用)按钮确认。然后依次用同样的方法将工件关联至其他三台机器人上,如图 13-27 所示。

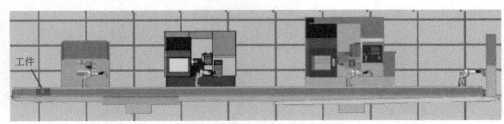

图 13-27 工件关联设置

(4) 定义数控平车上的工件方向

单击 I/O 面板上的"DO [5]"和"DO [6]"信号按钮,数控平车机床的右门和左门均打开。在"Cell Browser"(导航目录)窗口中,执行菜单命令"Machines"→"数控平车"→"车削",双击"车削",打开其属性设置窗口,选择"Parts"选项卡,在弹出的窗口中勾选"Part1",单击"Apply"按钮确认后,勾选"Edit Part Offset"(编辑工件偏移位置），编辑数控平车上"Part1"的位置和方向，单击"Apply"按钮确认，如图 13-28 所示。

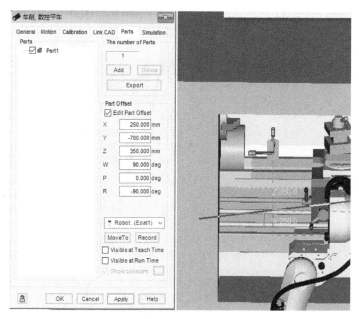

图 13-28　数控平车工件关联设置

（5）定义数控斜车上的工件方向

单击 I/O 面板上的"DO［7］"信号按钮，数控斜车机床门打开，双击"XAxis"，打开其属性设置窗口，将工件调整至合适的位置，单击"Apply"按钮确认，如图 13-29 所示。

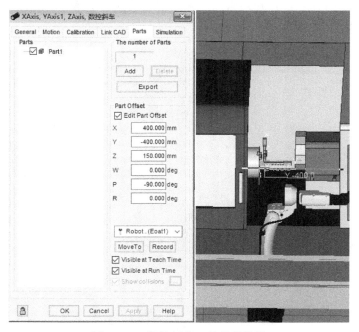

图 13-29　数控斜车工件关联设置

（6）定义数控加工中心上的工件方向

单击I/O面板上的"DO［8］"信号按钮，数控加工中心机床门打开，双击"铣削"，打开其属性设置窗口，将工件调整至合适的位置，单击"Apply"按钮确认，如图13-30所示。

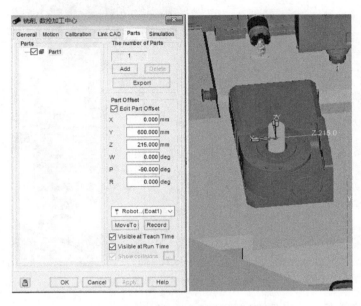

图13-30　数控加工中心工件关联设置

（7）定义物料库上的工件方向

双击"shelf09物料库"，打开其属性设置窗口，将工件调整至合适的位置，单击"Apply"按钮确认，如图13-31所示。

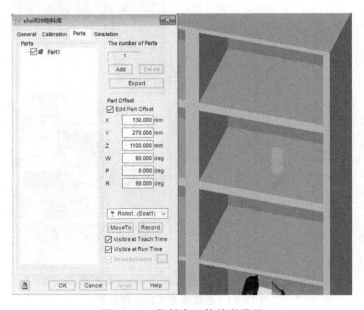

图13-31　物料库工件关联设置

步骤 9　外围设备的创建与设置

（1）栅栏的添加与设置

在"Cell Browser"（导航目录）窗口中，鼠标右键单击"Fixtures"，执行菜单命令"Add Fixture"→"CAD Library"→"Obstacles"→"fence"→"FENCE_EXP_H2000_W1000"，单击"OK"按钮，添加栅栏，设置其大小参数，并调整至合适位置，单击"Apply"按钮确认，如图13-32所示。

外围设备的创建与设置

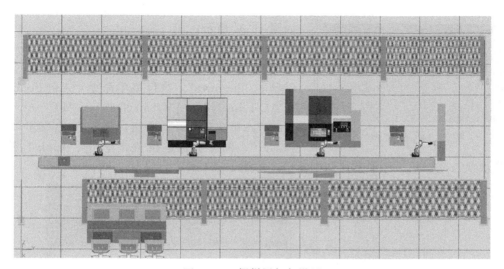

图13-32　栅栏添加与设置

（2）电机柜添加与设置

在"Cell Browser"（导航目录）窗口中，鼠标右键单击"Fixtures"，执行菜单命令"Add Fixture"→"Single CAD File"→"文件夹"→"数控模块"→"电机柜"→"电机柜.igs"，单击"OK"按钮，创建一个电机柜，设置其大小参数，并调整至合适位置，单击"Apply"按钮确认，如图13-33所示。

图13-33　电机柜添加设置

(3) 添加 PC

在"Cell Browser"(导航目录)窗口中,鼠标右键单击"Fixtures",执行菜单命令"Add Fixture"→"CAD Library"→"Obstacles"→"PC"→"LCD_Monitor",单击"OK"按钮,创建一台"PC",设置其大小参数,并调整至合适位置,单击"Apply"按钮确认。依次执行此操作,添加另外两台"PC",如图 13-34 所示。

(4) 添加办公椅

在"Cell Browser"(导航目录)窗口中,鼠标右键单击"Fixtures",执行菜单命令"Add Fixture"→"CAD Library"→"Obstacles"→"PC"→"PC_Chair",单击"OK"按钮,创建一把椅子"PC_Chair1",调整至合适位置,单击"Apply"按钮确认。依次执行此操作,添加其他两把椅子,如图 13-35 所示。

图 13-34 添加 PC

创建仿真程序

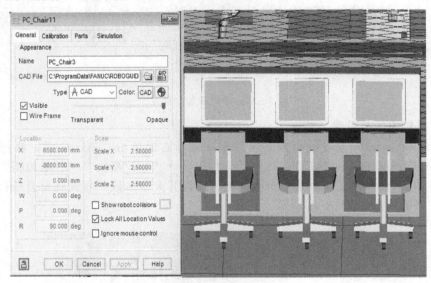

图 13-35 添加椅子

步骤 10　创建仿真程序

(1) 机器人 1 仿真程序

在"Cell Browser"(导航目录)窗口中,执行菜单命令"C:1-Robot Controller1"→"Programs"→"Add Simulation Program"(添加仿真程序),在弹出的窗口中修改程序名为"PROG_1",单击"确认"按钮,进入仿真程序编辑器,示教关键点并添加指令,完成后的程序如图 13-36 所示。

(2) 机器人 2 仿真程序

在"Cell Browser"(导航目录)窗口中,执行菜单命令"C:1-Robot Controller2"→"Programs"→"Add Simulation Program"(添加仿真程序),在弹出的窗口中修改程序名为"PROG_2",单击"确认"按钮,进入仿真程序编辑器,示教关键点并添加指令,完成后的程序如图 13-37 所示。

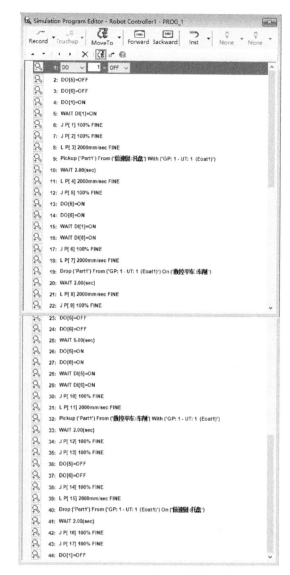

图 13-36 机器人 1 程序

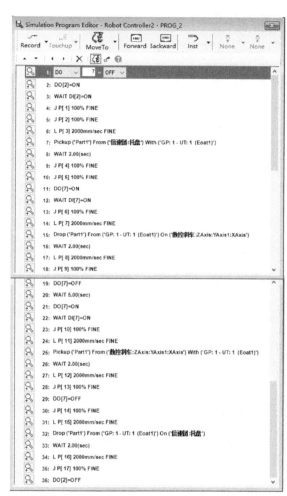

图 13-37 机器人 2 程序

(3) 机器人 3 仿真程序

在"Cell Browser"(导航目录)窗口中,执行菜单命令"C：1-Robot Controller3"→"Programs"→"Add Simulation Program"(添加仿真程序),在弹出的窗口中修改程序名为"PROG_3",单击"确认"按钮,进入仿真程序编辑器,示教关键点并添加指令,完成后的程序如图 13-38 所示。

(4) 机器人 4 仿真程序

在"Cell Browser"(导航目录)窗口中,执行菜单命令"C：1-Robot Controller4"→"Programs"→"Add Simulation Program"(添加仿真程序),在弹出的窗口中修改程序名为"PROG_4",单击"确认"按钮,进入仿真程序编辑器,示教关键点并添加指令,完成后的程序如图 13-39 所示。

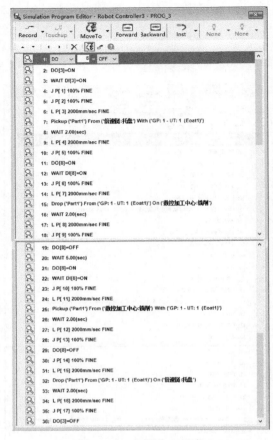

图 13-38 机器人 3 程序

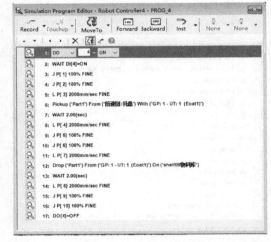

图 13-39 机器人 4 程序

步骤 11　参考程序及注释

(1)机器人 1 参考程序及注释

```
1:DO[1] = OFF                                  //复位 DO[1],托盘回到起始点
2:DO[5] = OFF                                  //复位 DO[5],数控平车右门关
3:DO[6] = OFF                                  //复位 DO[6],数控平车左门关
4:DO[1] = ON                                   //置位 DO[1],托盘到达第 1 台机器人位置
5:WAIT DI[1] = ON                              //等待托盘到位的反馈信号
6:J P[1]100% FINE                              //设置 HOME 点
7:J P[2]100% FINE                              //到达托盘抓取点上方
8:L P[3]2000mm/sec FINE                        //到达托盘抓取点
9:Pickup('Part1')From('倍速链:托盘')With('GP:1-UT:1(Eoat1)')
                                               //设置抓取工件指令
10:WAIT 2.00(sec)                              //设置等待 2s
11:L P[4]2000mm/sec FINE                       //添加逃离点(回到工件抓取点上方)
12:J P[5]100% FINE                             //过渡点到达机床附近
13:DO[5] = ON                                  //机床右门开
14:DO[6] = ON                                  //机床左门开
```

```
15:WAIT DI[5] = ON                              //等待机床右门打开的反馈信号
16:WAIT DI[6] = ON                              //等待机床左门打开的反馈信号
17:J P[6]100 % FINE                             //机器人1运动到数控平车工件放置点上方
18:L P[7]2000mm/sec FINE                        //到达数控平车工件放置点
19:Drop('Part1')From('GP:1-UT:1(Eoat1)')On('数控平车:车削')
                                                //设置放置工件指令
20:WAIT 2.00(sec)                               //设置等待2s
21:L P[8]2000mm/sec FINE                        //添加逃离点(即回到工件放置点上方)
22:J P[9]100 % FINE                             //机器人1运动到机床门外
23:DO[5] = OFF                                  //机床右门关
24:DO[6] = OFF                                  //机床左门关
25:WAIT 5.00(sec)                               //设置等待5s
26:DO[5] = ON                                   //机床右门开
27:DO[6] = ON                                   //机床左门开
28:WAIT DI[5] = ON                              //等待机床右门打开的反馈信号
29:WAIT DI[6] = ON                              //等待机床左门打开的反馈信号
30:J P[10]100 % FINE                            //机器人1运动到数控平车工件放置点上方
31:LP[11]2000mm/sec FINE                        //到达数控平车工件放置点
32:Pickup('Part1')From('数控平车:车削')With('GP:1-UT:1(Eoat1)')
                                                //设置抓取工件指令
33:WAIT 2.00(sec)                               //设置等待2s
34:J P[12]100 % FINE                            //添加逃离点(即回到工件抓取点上方)
35:J P[13]100 % FINE                            //机器人1运动到机床门外
36:DO[5] = OFF                                  //机床右门关
37:DO[6] = OFF                                  //机床左门关
38:J P[14]100 % FINE                            //到达放置工件的托盘上方
39:L P[15]2000mm/sec FINE                       //到达放置工件的托盘
40:Drop('Part1')From('GP:1-UT:1(Eoat1)')On('倍速链:托盘')
                                                //设置放置工件指令
41:WAIT 2.00(sec)                               //设置延时2s
42:J P[16]100 % FINE                            //添加逃离点(即回到放置工件的托盘上方)
43:J P[17]100 % FINE                            //机器人1回到HOME点
44:DO[1] = OFF                                  //复位DO[1]

(2)机器人2参考程序及注释
1:DO[7] = OFF                                   //复位DO[7],数控斜车机床门关
2:DO[2] = ON                                    //置位DO[2],托盘到达第2台机器人位置
3:WAIT DI[2] = ON                               //等待托盘到位的反馈信号
4:J P[1]100 % FINE                              //设置HOME点
5:J P[2]100 % FINE                              //到达托盘抓取点上方
6:L P[3]2000mm/sec FINE                         //到达托盘抓取点
```

```
 7:Pickup('Part1')From('倍速链:托盘')With('GP:1-UT:1(Eoat1)')
                                        //设置抓取工件指令
 8:WAIT 2.00(sec)                        //设置等待2s
 9:J P[4]100% FINE                       //添加逃离点(回到工件抓取点上方)
10:J P[5]100% FINE                       //过渡点到达机床附近
11:DO[7] = ON                            //机床门开
12:WAIT DI[7] = ON                       //等待机床门打开的反馈信号
13:J P[6]100% FINE                       //机器人2运动到数控斜车工件放置点上方
14:L P[7]2000mm/sec FINE                 //到达数控斜车工件放置点
15:Drop('Part1')From('GP:1-UT:1(Eoat1)')On('数控斜车:Z Axis:Y Axis1:X Axis')
                                        //设置放置工件指令
16:WAIT 2.00(sec)                        //设置等待2s
17:L P[8]2000mm/sec FINE                 //添加逃离点(即回到工件放置点上方)
18:J P[9]100% FINE                       //机器人2运动到机床门外
19:DO[7] = OFF                           //机床门关
20:WAIT 5.00(sec)                        //设置等待5s
21:DO[7] = ON                            //机床门开
22:WAIT DI[7] = ON                       //等待机床门打开的反馈信号
23:J P[10]100% FINE                      //机器人2运动到数控斜车工件放置点上方
24:L P[11]2000mm/sec FINE                //到达数控斜车工件放置点
25:Pickup('Part1')From('数控斜车:Z Axis:Y Axis1:X Axis')with('GP:1-UT:1(Eoat1)')
                                        //设置抓取工件指令
26:WAIT 2.00(sec)                        //设置等待2s
27:L P[12]200om/sec FINE                 //添加逃离点(即回到工件抓取点上方)
28:J P[13]100% FINE                      //机器人2运动到机床门外
29:DO[7] = OFF                           //机床门关
30:J P[14]100% FINE                      //到达放置工件的托盘上方
31:L P[15]200mm/sec FINE                 //到达放置工件的托盘
32:Drop('Part1')From('GP:1-UT:1(Eoat1)')On('倍速链:托盘')
                                        //设置放置工件指令
33:WAIT 2.00(sec)                        //设置等待2s
34:L P[16]200mm/sec FINE                 //添加逃离点(即回到放置工件的托盘上方)
35:J P[17]100% FINE                      //机器人2回到HOME点
36:DO[2] = OFF                           //复位DO[2]
```

(3)机器人3参考程序及注释

```
1:DO[8] = OFF                            //复位DO[8],数控加工中心机床门关
2:DO[3] = ON                             //置位DO[3],托盘到达第3台机器人位置
3:WAIT DI[3] = ON                        //等待托盘到位的反馈信号
4:J P[1]100% FINE                        //设置HOME点
5:J P[2]100% FINE                        //到达托盘抓取点上方
```

```
 6:L P[3]2000mm/sec FINE                    //到达托盘抓取点
 7:Pickup('Part1')From('倍速链:托盘')With('GP:1-UT:1(Eoat1)')
                                            //设置抓取工件指令
 8:WAIT 2.00(sec)                           //设置等待2s
 9:L P[4]2000mm/sec FINE                    //添加逃离点(即回到工件抓取点上方)
10:J P[5]100% FINE                          //过渡点到达机床附近
11:DO[8] = ON                               //机床门开
12:WAIT DI[8] = ON                          //等待机床门打开的反馈信号
13:J P[6]100% FINE                          //机器人3运动到数控平车工件放置点上方
14:L P[7]2000mm/sec FINE                    //到达数控加工中心工件放置点
15:Drop('Part1')From('GP:1-UT:1(Eoat1)')On('数控加工中心:铣削')
                                            //设置放置工件指令
16:WAIT 2.00(sec)                           //设置等待2s
17:L P[8]2000mm/sec FINE                    //添加逃离点(即回到工件放置点上方)
18:J P[9]100% FINE                          //机器人3运动到机床门外
19:DO[8] = OFF                              //机床门关
20:WAIT 5.00(sec)                           //设置等待5s
21:DO[8] = ON                               //机床门开
22:WAIT DI[8] = ON                          //等待机床门打开的反馈信号
23:J P[10]100% FINE                         //机器人3运动到数控加工中心工件放置点上方
24:L P[11]2000mm/sec FINE                   //到达数控加工中心工件放置点
25:Pickup('Part1')From('倍速链:托盘')With('GP:1-UT:1(Eoat1)')
                                            //设置抓取工件指令
26:WAIT 2.00(sec)                           //设置等待2s
27:L P[12]2000mm/sec FINE                   //添加逃离点(即回到工件抓取点上方)
28:J P[13]100% FINE                         //机器人3运动到机床门外
29:DO[8] = OFF                              //机床门关
30:J P[14]100% FINE                         //到达放置工件的托盘上方
31:L P[15]2000mm/sec FINE                   //到达放置工件的托盘
32:Drop('Part1')From('GP:1-UT:1(Eoat1)')On('倍速链:托盘')
                                            //设置放置工件指令
33:WAIT 2.00(sec)                           //设置等待2s
34:L P[16]2000mm/sec FINE                   //添加逃离点(即回到放置工件的托盘上方)
35:J P[17]100% FINE                         //机器人3回到HOME点
36:DO[3] = OFF                              //复位DO[3]
```

(4)机器人4参考程序及注释

```
1:DO[4] = ON                                //置位DO[4],托盘到达第4台机器人位置
2:WAIT DI[4] = ON                           //等待托盘到位的反馈信号
3:J P[1]100% FINE                           //设置HOME点
4:J P[2]100% FINE                           //到达托盘抓取点上方
```

```
5:L P[3]2000mm/sec FINE                          //到达托盘抓取点
6:Pickup('Part1')From('倍速链:托盘')With('GP:1-UT:1(Eoat1)')
                                                 //设置抓取工件指令
7:WAIT 2.00(sec)                                 //设置等待2s
8:L P[4]2000mm/sec FINE                          //添加逃离点(回到工件抓取点上方)
9:J P[5]100% FINE                                //过渡点到达物料库附近
10:J P[6]100% FINE                               //机器人4运动到物料库工件放置点上方
11:L P[7]2000mm/sec FINE                         //到达物料库工件放置点
12:Drop('Part1')From('GP:1-UT:1(Eoat1)')On('shelf09 物料库')
                                                 //设置放置工件指令
13:WAIT 2.00(sec)                                //设置等待2s
14:L P[8]2000mm/sec FINE                         //添加逃离点(即回到工件放置点上方)
15:J P[9]100% FINE                               //过渡点到达物料库附近
16:J P[10]100% FINE                              //机器人4回到HOME点
17:DO[4] = OFF                                   //复位DO[4]
```

步骤12　测试运行程序

单击工具栏中启动运行按钮 ▶ ，测试运行仿真程序。

步骤13　视频录制

打开运行控制面板，单击 按钮可以开始录制视频，单击旁边下拉箭头可以选择 "AVI Record" 和 "3D Player Record" 录制，该任务选择 "3D Player Record" 录制。

步骤14　保存工作站

单击工具栏上的保存按钮 ，保存整个工作站。

至此，智能制造数控加工生产线离线编程仿真完成。该任务参考评分标准见表13-1。

表13-1　参考评分表

序号	考核内容 （技术要求）	配分	评分标准	得分情况	指导教师 评价说明
1	机器人工程文件创建	5(分)			
2	EOAT的创建与设置	5(分)			
3	Parts的创建与设置	5(分)			
4	Fixtures的创建与设置	10(分)			
5	Machines的创建与设置	10(分)			
6	添加动力驱动及控制信号的设置	10(分)			
7	机器人控制器间通信信号的设定	10(分)			
8	倍速链控制信号的设定	10(分)			
9	机床门控制信号的设定	10(分)			
10	创建仿真程序	20(分)			
11	保存工作站	5(分)			

任务总结

本任务通过对前面所学的知识〔包括仿真工作站中 Eoats、Parts、Fixtures、Machines、Obstacles 等各个模块的创建与设置，虚拟电机的创建及工作站 I/O 信号（DO/DI 信号）的设定方法〕的综合训练，运用机器人仿真技术编写工件的传送/上下料/储料等动作环节程序，实现了机床上下料机器人在数控机床上下料环节取代人工完成工件的自动装卸功能以及工作站的布局和仿真工作。在仿真运行过程中托盘控制信号"DO"每次运行之后需复位，才能进行下一个托盘的"DO"信号运行，否则会影响其他"DO/DI"信号的输出功能，从而无法实现对应的控制功能。通过本任务的学习，可了解仿真工作站在实际应用中的作用。

学后测评

用 ROBOGUIDE 仿真软件新建工作站，机床选用 FANUC a-T14iFa，机器人选用 M-20iA，机器人从传送带上抓取工件，等待机床门打开后，把工件放入机床，之后机器人退出机床，机床门关闭并开始加工工件，如图 13-40 所示。

学后测评
创建流程

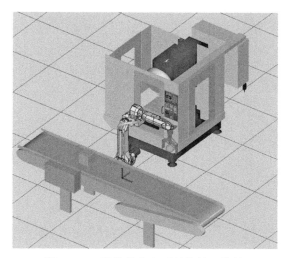

图 13-40　数控机床上下料简易工作站

参 考 文 献

[1] 陈南江，郭炳宇，林燕文.工业机器人离线编程与仿真（ROBOGUIDE）[M].北京：人民邮电出版社，2018.
[2] 李艳晴，林燕文.工业机器人现场编程（FANUC）[M].北京：人民邮电出版社，2018.
[3] 张明文.工业机器人离线编程与仿真（FANUC机器人）[M].北京：人民邮电出版社，2020.
[4] 张玲玲，姜凯.FANUC工业机器人仿真与离线编程[M].北京：电子工业出版社，2019.
[5] 黄维，余攀峰.FANUC工业机器人离线编程与应用[M].北京：机械工业出版社，2020.
[6] 双元教育.工业机器人离线编程与仿真[M].北京：高等教育出版社，2018.
[7] 胡毕富，陈南江，林燕文.工业机器人离线编程与仿真（Robot Studio）[M].北京：高等教育出版社，2019.
[8] 林燕文，陈南江，许文稼.工业机器人技术基础[M].北京：人民邮电出版社，2019.
[9] 张明文.工业机器人编程操作（FANUC机器人）[M].北京：人民邮电出版社，2020.
[10] 黄忠慧.工业机器人现场编程（FANUC）[M].北京：高等教育出版社，2018.
[11] 孟庆波.工业机器人离线编程（FANUC）[M].北京：高等教育出版社，2018.
[12] 宋云艳，周佩秋.工业机器人离线编程与仿真[M].北京：机械工业出版社，2017.
[13] 叶晖.工业机器人典型应用案例精析[M].北京：机械工业出版社，2013.